はじめに

この本は、農家の保存食や加工食品のつくり方を、その暮らしぶりと併せてまとめたものです。農家は、とれた野菜や果物を無駄にせず長く楽しむ名人です。たとえば、北国では野菜がとれない冬にも長く楽しめるように、南国ではとれすぎた野菜や果物をムダにしないように、漬物やジャムなどを主に家族のためにつくってきました。

近頃は農産物直売所が全国的に増え、農家の加工食品が広く売られるようにもなりました。お客さんに手に取ってもらえるように見栄えもひと工夫した農家自慢の品々は、それぞれの地域のお客さんに大人気です。本書ではそうした商品としての加工食品と、家庭でふだん食べているものの両方をとりあげています。

直売所の現場では今、ちょっとした異変が起きています。かつて手づくり加工食品を売るのは農家のお母さんがほとんどでした。ところが今では農家だけではなく、農村に移り住んだ若者や定年後のシルバー世代なども仲間になっているのです。そこでは、昔ながらの伝統的な技はもちろん、思わずうなってしまう現代風な工夫がなされています。添加物を使わないで、ナスで紫色のおいしいジャムをつくったり、やわらかさ長持ちのふわっふわ草もちをつくったり。本書にはそんな知恵がふんだんに披露されています。

日々の暮らしを豊かにするレシピ集または読み物として、またはこれから始める食品加工販売の手引きとして、楽しんでいただけたら幸いです。

二〇一四年十二月　一般社団法人　農山漁村文化協会

CONTENTS

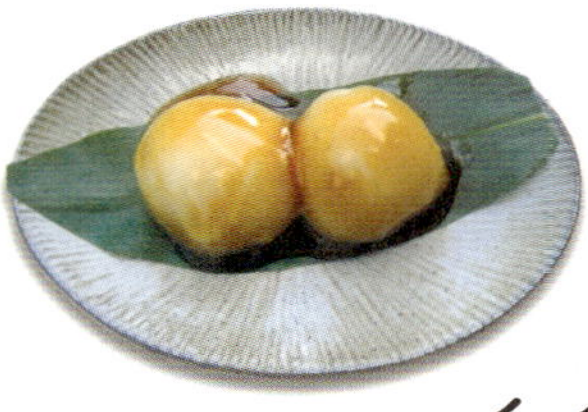

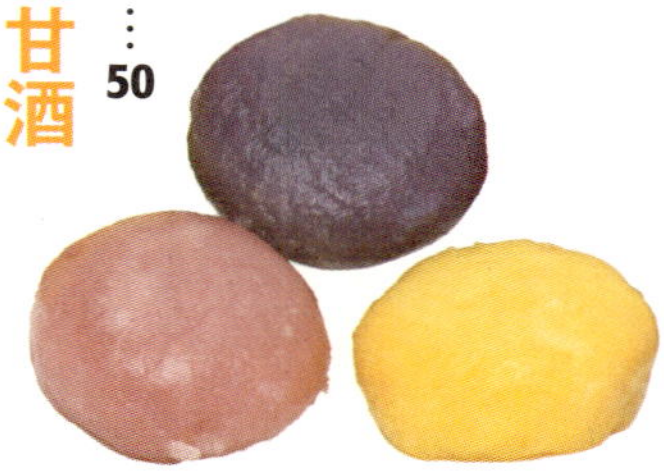

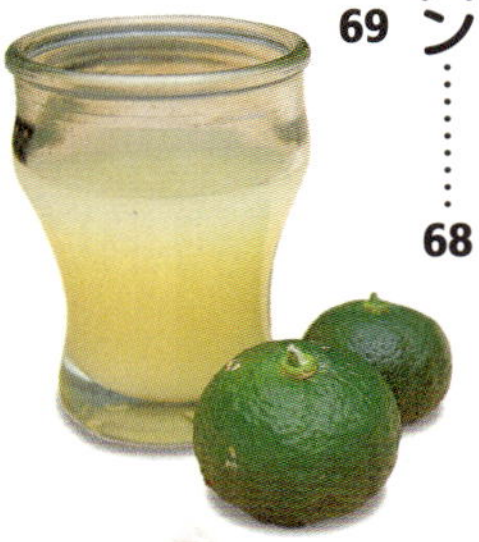

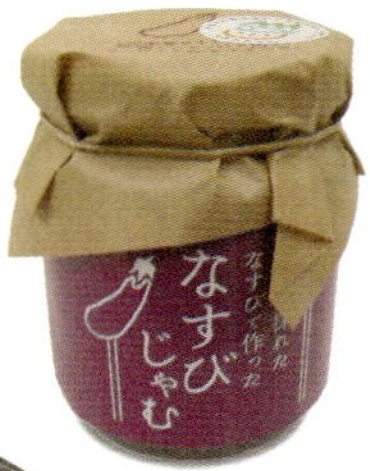
なすびじゃむ

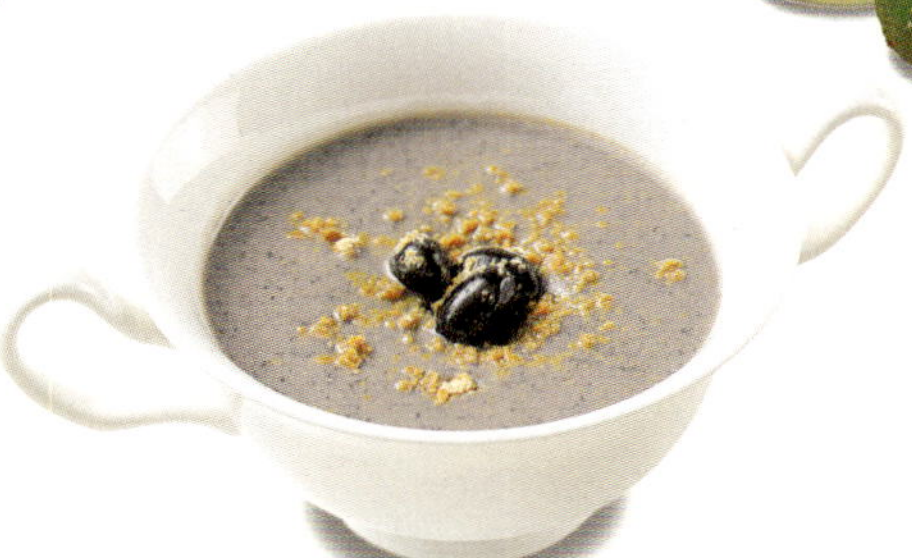

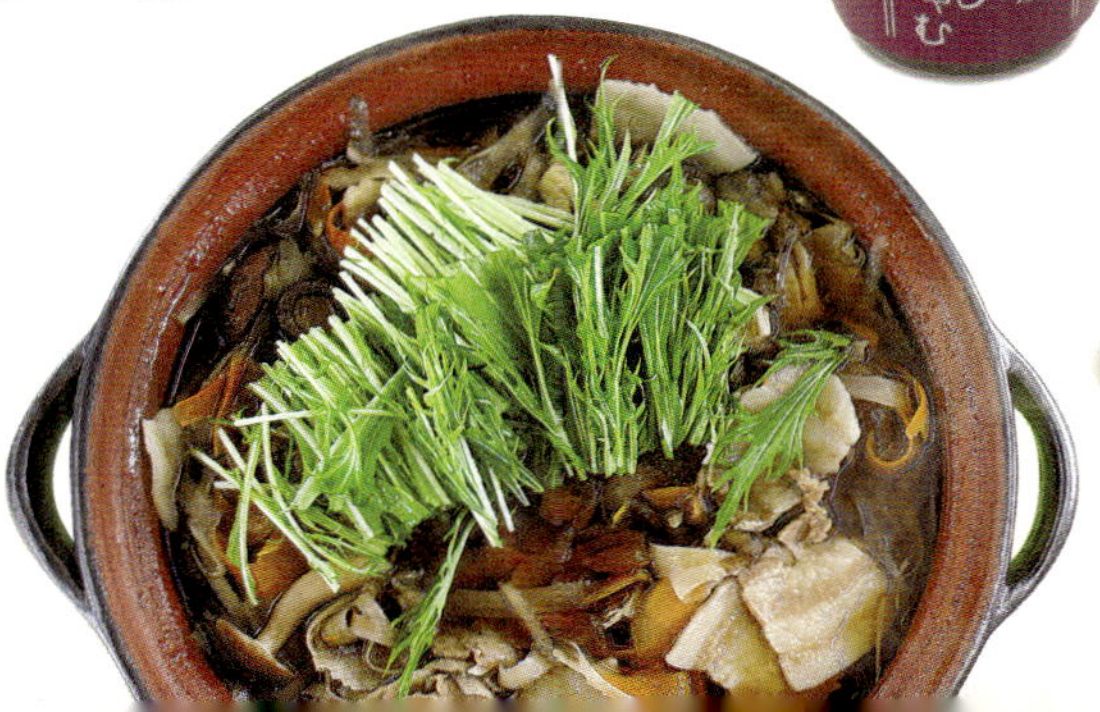

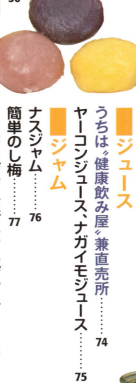

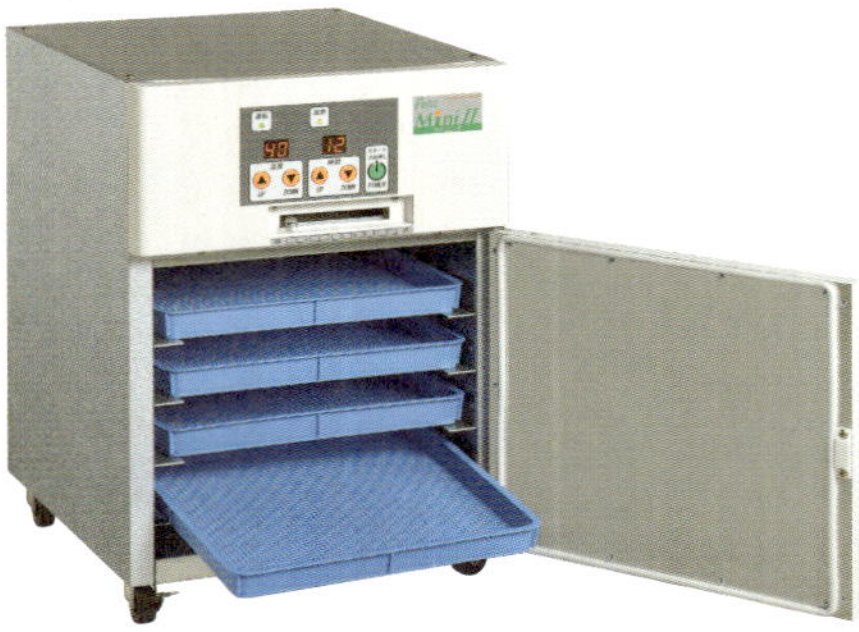

※本書は、農家がつくる雑誌『現代農業』に掲載された記事（おもに2011～2014年）をもとに一部新しい情報を加えてまとめたものです。掲載されている価格などの情報は一部をのぞいて掲載時のものです。

素材別さくいん （五十音順）

（取り上げたのは、料理名にあげられるようなメインの素材です。付け合わせや味付けなどに加えている素材は取り上げていません）

おいしくて長持ちはあたりまえ、見た目も鮮やか！

自分でつくったもの、
地域でとれたものを使い、
素材の色を活かすから、
着色料なしで
こんなにきれい

朝どりのナスを使って
ナスジャムをつくる
外山マツエさん（一六ページ）

 撮影・田中康弘

品種の色を生かした

ジャガイモ団子

北海道網走市●グリーンヒル905

インカのめざめ

一般的なジャガイモより肉の黄色が濃い。小ぶりだが、甘みがあって、クリのような食感で人気

ノーザンルビー

赤皮で赤肉。果肉の中心が赤い「インカレッド」に比べて全体が赤くて濃い

シャドークイーン

紫皮で紫肉。紫肉のイモはこれまでも「インカパープル」「キタムラサキ」があったが、そのどちらよりも紫色が濃い

農家がつくった直売所「グリーンヒル905」ジャガイモ団子づくりのメンバーの皆さん。左から長谷川和人社長、斉藤幸恵さん、長谷川敬子さん、加藤又子さん、鈴木敏明さん、鈴木能里子さん、久保田桂子さん、佐藤則子さん

撮影・佐々木郁夫

ジャガイモで
こんなにきれいな団子ができる。
着色料はいっさい使っていない。
北海道の
ジャガイモ農家のお母さんたちが
つくる逸品だ。
天然色の世界をご堪能あれ。

作業が進むと、どんどん色鮮やかに

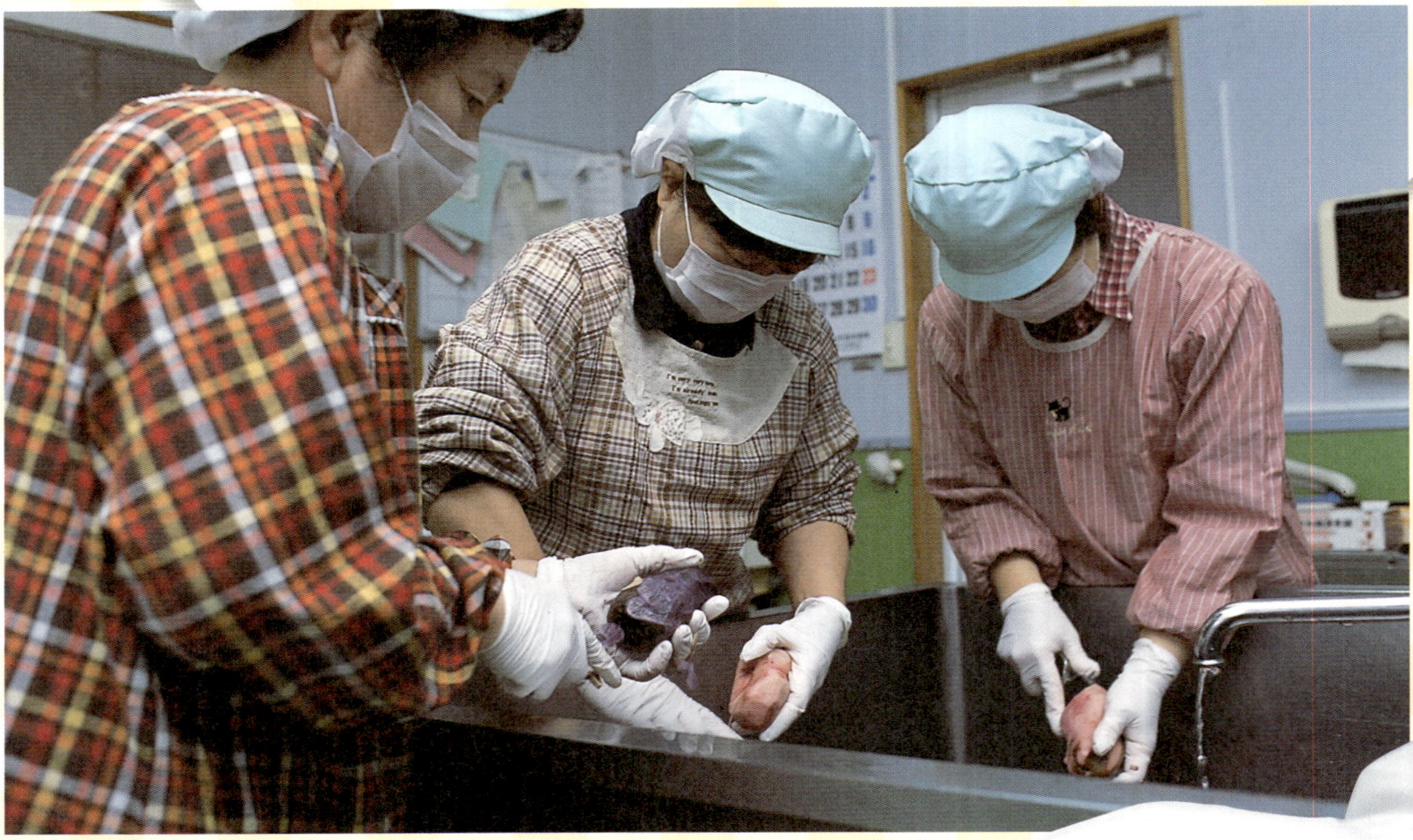

皮をむいて品種ごとに水からゆでる

シャドークイーンはゆでると色が薄くなった。紫や赤の色素成分アントシアニンは水に溶けやすく、加熱で退色しやすいため

ノーザンルビーの赤色もゆで汁に溶け出している

※このジャガイモ３品種を使ったようかんの作り方は70ページ

ゆで上がったジャガイモをつぶして、デンプン（片栗粉）と砂糖、塩、小麦粉少々を加えて手で丸める。熱いうちに手早くやらないと生地が割れてしまう。これを冷凍しておき、冷凍のまま販売する。

（二〇一四年二月号掲載）

完成品（常温に戻した状態）。1パック420円で販売。ゆでて色が薄くなったジャガイモも、冷めると色鮮やかになる。紫や赤の色素は温度が低いほど発色がよくなる

食べるときに蒸すとさらに色鮮やかに！

品種の色を生かした 干し野菜

北海道美唄市●つむぎ屋

「カラフル大根」に使う 7品種のダイコン

黒長（藤田種子ほか）
富長（渡辺農事）
カザフ辛味大根（中原採種場ほか）
青長大根（タキイ種苗）
くれない総太り（福種）
味いちばん紫（シンジェンタ）

干しても色はきれいに残る。富長は白ダイコンの中でも切り干しに向く。紅芯大根は肉質が緻密なので、歯ごたえを揃えるために薄く切る

「干しだいこん」の料理。真ん中の豚肉に紅芯大根おろしドレッシングをかけた。酢を加えると紅色が鮮やかになる

スピード調理にも向く カラフル乾燥野菜

「つむぎ屋」として、ダイコンやジャガイモ、ニンジンなどで乾燥野菜を製造販売しています。農繁期は忙しくて食事の支度がとても大変。乾燥野菜ならすぐに使える、と考えてスタートしました。

一番力を入れているのがカラフル大根です。七品種を彩りよく一袋に入れています。乾燥野菜のいいところは、手をかけなくても食卓が華やかになるところ。はじめは忙しい主婦向けと思っていましたが、野菜を買っても食べきれない一人暮らしや高齢者世帯にも購入していただいています。

乾燥野菜を使った盛り合わせ

農家の活動グループ「つむぎ屋」のメンバー

揚げだし野菜
ナスは油で揚げるだけで戻るので、そのまま15秒揚げる。ゴーヤー、ズッキーニ、アスパラは水で戻してから揚げる

アスパラとズッキーニの天ぷら

乾燥ナスで麻婆茄子

乾燥野菜入りそぼろ

乾燥キュウリの細切りで春雨サラダ
水が出ないのでよく味がからまる

トマトの炊き込みご飯
乾燥トマト１袋を細かく刻み、といだ２～３合のお米に入れ30分ほどつける（これでお米にオレンジの色がつく）。オリーブオイル大さじ１、塩小さじ１、黒コショウ適量、あればニンニクすりおろしを入れてスイッチオンするだけ

ひき肉にそのまま乾燥野菜を混ぜ込んだ
揚げシュウマイ

ゴーヤーチャンプルー

（二〇一四年二月号掲載）

※つむぎ屋の干し野菜料理は40ページ

品種の色を生かした

豆、米、サツマイモ料理

クロダマル 黒大豆ポタージュ

九州の黒大豆栽培に火をつけた大粒黒大豆、クロダマル。水煮したクロダマルをたっぷり使ったポタージュは、まろやかな味わい
（写真提供・九州沖縄農業研究センター）

クロダマル 黒豆ドリンク きな粉サブレ

クロダマルは、新丹波黒よりアントシアニンが２倍以上多い。きれいな赤の戻し汁は、ワインビネガーと砂糖で味を付け、水で割ってドリンクに
（写真提供・九州沖縄農業研究センター）

黒むすび・赤むすび

黒米、赤米100%のおにぎり

富山県が開発した富山黒75号（黒むすび）と、富山赤71号（赤むすび）は、どちらもコシヒカリの血を引いており、白米と混ぜずにおにぎりにしても、粘りがある（種モミは今のところ県外からは入手不可）

パープルスイートロード

紫サツマイモのニョッキ

パープルスイートロードは他の品種より粘りが強くニョッキにぴったり。農家レストラン「nicomi831」（山梨県北杜市）のサツマイモクリームスープには、このニョッキが入っている

黒落花生

黒い落花生の炊き込みご飯

千葉県香取市の「ひょっこり農園」の渡邉友美さんは、黒落花生（渡辺農事）で炊き込みご飯をつくる。米を、黒落花生と昆布、塩、砂糖、醤油を加えて炊き上げるだけで、紫色のご飯になる

（二〇一四年二月号掲載）

ビートでピンク色の 桜寿司

滋賀県守山市●今西昌子さん（JAおうみ冨士レストラン「おうみんち」）

（二〇一三年三月号掲載）

材料

白米……………………………… 4合
ビート（赤ダイコン）………… 1～2個
市販の寿司酢………………… 120㎖
寿司の具（高野豆腐、ニンジン、シイタケ、カンピョウ、紅ショウガなど）… 約200g
ちりめんじゃこ……………………… 20g
卵 …………………………………… 1個
菜の花……………………………… 適量
寿司の具の煮汁
　だし汁………………………… 300cc
　薄口醤油……………………… 大さじ2
　みりん………………………… 大さじ1
　酒 …………………………… 大さじ1
　砂糖…………………………… 大さじ1

作り方

❶ビートの皮をむき、輪切りにして一晩寿司酢に漬けておく（赤く色づく）。
❷フライパンで、炒り卵を作っておく。
❸寿司の具を細かく刻み、寿司の具の煮汁で炊いて冷ます。
❹炊いたご飯を冷まし、色づけした寿司酢を加えて混ぜる。
❺寿司の具を混ぜる。
❻炒り卵とちりめんじゃこを散らし、ゆでた菜の花と、塩を洗い流した桜の花などで彩りを整えれば出来上がり。

ビートに寿司酢を加えると鮮やかな紅色の寿司酢に。赤や紫の色素は酸性で発色がよくなる。冷凍したビートで年中活用

ご飯に紅寿司酢を混ぜると鮮やかなピンク色に

豆は別に蒸して、色鮮やかに
豆もち

岡山県津山市●梅田由美子さん

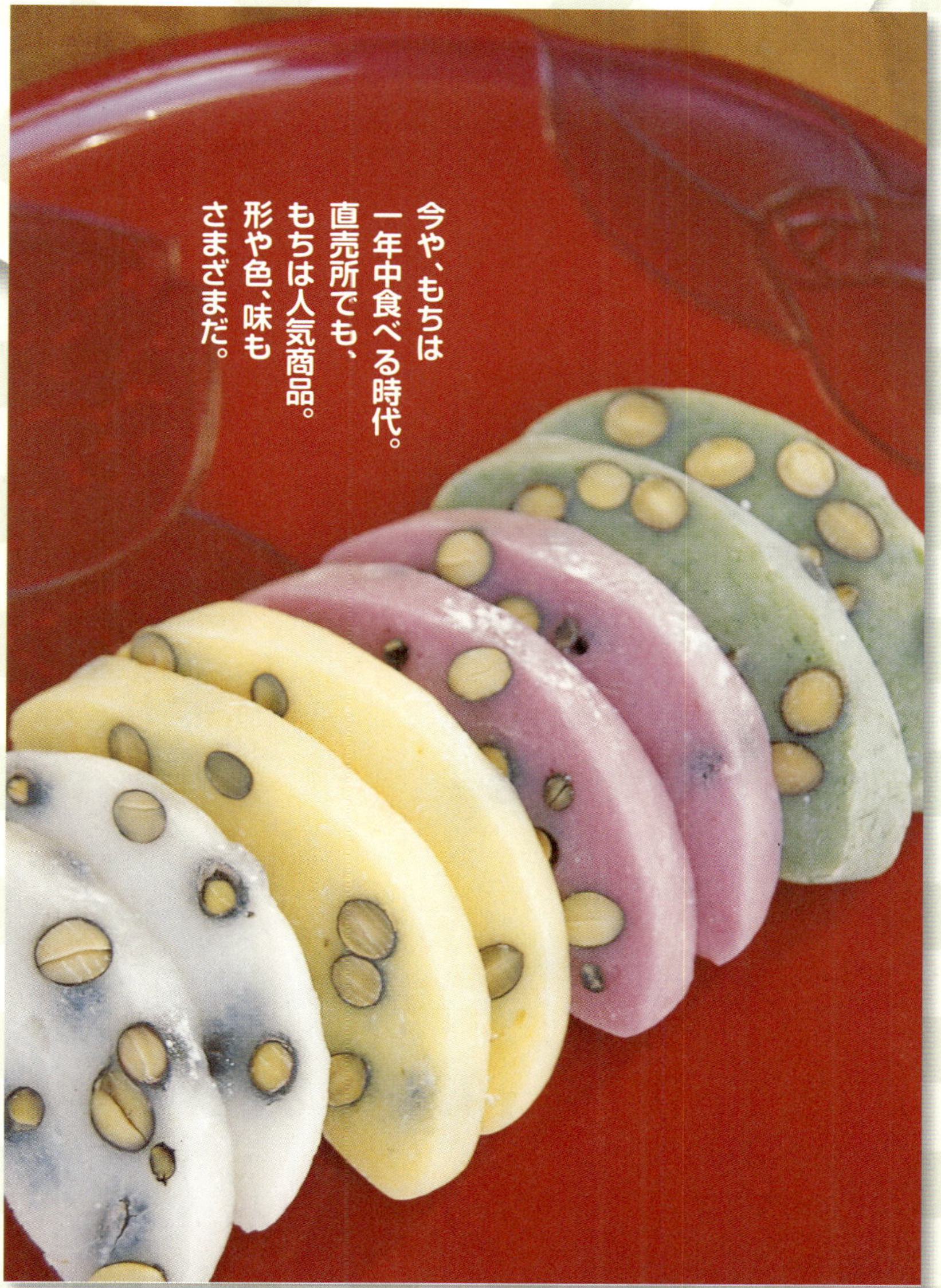

今や、もちは
一年中食べる時代。
直売所でも、
もちは人気商品。
形や色、味も
さまざまだ。

梅田さんの三色豆もち。黄色はミカンとカボチャ、紫色はムラサキイモ、緑色はヨモギ

三色豆もちを見せる梅田由美子さん。以前は色ごとに袋詰めしていたが、3色混ぜたほうが断然よく売れるという。後ろに見える道の駅「久米の里」で売る

真っ白いもちと黒豆がきれいな豆もち。6個入り250円

（二〇一三年一月号掲載）

※豆もちの作り方は54ページ

赤紫色がきれいな
ナスジャムの蒸しパン

ナス色・リンゴ味の
ナスジャム

山口県周南市●熊毛農産加工グループ

ナスがジャムになるなんて！
赤紫色のきれいなナス色で、
味はまるでリンゴみたい。
そのポイントは、ナスの皮とレモン汁を使うこと。

熊毛農産物加工グループのみなさん。右から外山マツエさん、田村和江さん、西村照子さん

撮影・田中康弘

ナスの色を生かしたジャム。
味はとってもフルーティー

ナスの皮のゆで汁に砂糖とレモン汁を加えると、いっそう色鮮やかになる

（二〇一三年八月号掲載）

牛乳寒天に入れるのがおすすめ

直売所で1本（100ｇ）350円で売る。イチゴジャムとキウイジャムの3点セット1050円も

※ナスジャムの作り方は76ページ

疲れが吹き飛ぶ

ピンク色のイタドリジュース

熊本県玉名市●小岱山《しょうたいさん》薬草の会

（二〇一二年五月号掲載）

春のジュースといえば、『現代農業』2010年７月号で紹介したイタドリジュース。イタドリの若い茎を包丁で切り、ジューサーにかけると、最初は緑色だが、次第にきれいなピンク色に変わる。そのままだと酸っぱいので、ハチミツを入れると飲みやすい

小岱山薬草の会の
西浦文子さん

撮影・黒澤義教

早春のさわやかさが口いっぱいに広がる
イチゴ、ミカン、ナバナのジュース

静岡県南伊豆町●農林水産物直売所「湯の花」

（二〇一二年五月号掲載）

静岡県南伊豆町の農林水産物直売所「湯の花」では、コップに山盛りの素材をそのままジュースにしてくれる。春限定で登場するナバナのジュースは、ナバナにリンゴジュースを加えてつくる。菜の花のつぼみのプチプチした食感が楽しい。1杯250～300円

撮影・田中康弘

薬草の生命力をいただく

春の野草ゼリー

熊本県玉名市●小岱山《しょうたいさん》薬草の会

熊本県玉名市の薬草カフェ「たんぽぽ」では、オオバコの人気が上昇中。運営元「小岱山薬草の会」がつくるのは、オオバコを練り込んだ薬草だご汁やオオバコのかき揚げ、オオバコゼリーなど。なかでもオオバコゼリー（上写真中央）は、体もよろこぶビックリ薬草スイーツだ。左はチョウマメの花のゼリー、右はクズの花のゼリー。

オオバコの葉のゼリーの作り方

作り方

❶オオバコを刻み、10～15秒ほど茹でてからミキサーでペーストにして布巾で漉して搾り汁をつくる。

❷水700ccに、ゼラチン20g、砂糖180gを加えて火にかける。ゼラチンが溶けたらボウルに移し、ボウルを氷水につけて粗熱をとる。ゼラチンが固まってきたら、オオバコの搾り汁100ccを流し込む。器に入れて数分おくと固まる。

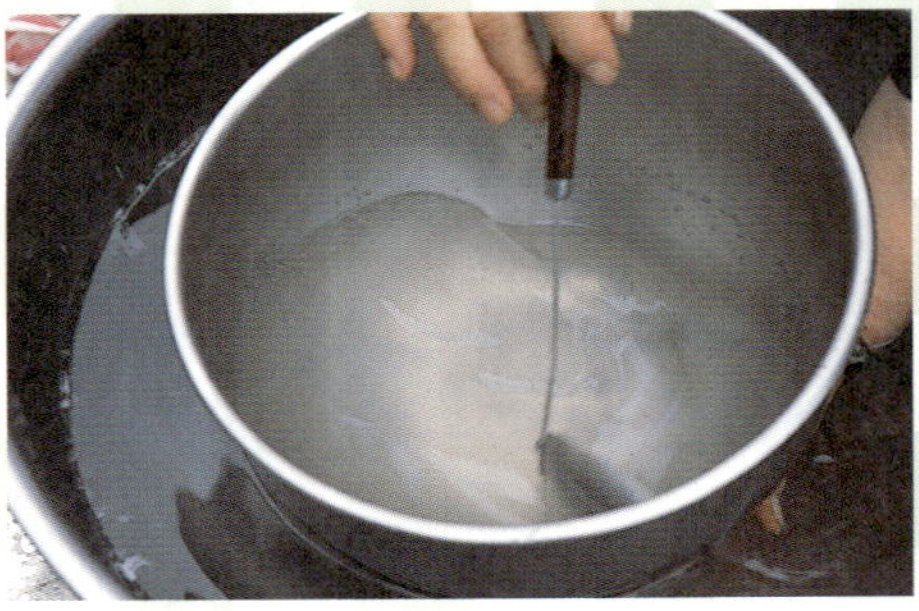

ボウルを氷水につけて粗熱をとる

オオバコゼリーの材料

撮影・黒澤義教

Part 1

加工生活、始めました

農村に移り住んだ若者、佐藤仁敬さんと、退職後に加工を始めた前田千代子さんの体験記とその技

イベントで売るキュウリの一本漬けを手にする前田千代子さん（三三ページ）

 撮影・田中康弘

自分で食べるものは自分でつくりたい

山形県長井市●佐藤仁敬さん

資金も土地もなく、
知らない土地で新規就農。
加工を取り入れて
「小さい経営」を目指すと、
ひとつのカタチが見えてきた。

最初から強い意志で就農したいと思っていたわけではありません。なんとなく自分が選んできた道程で、出会いに恵まれて今の自分があります。言ってしまえば「成り行き就農」です。

日本全国には、農業も加工も私にはとうてい及ばない先達がいっぱいいらっしゃいます。まさに釈迦に説法で恥ずかしい限りですが、私の経歴の中に少しでも面白みを感じてもらえればそれでいいんじゃないかと開き直り、宮崎生まれの私が東北・山形で何を考え、何をして、何がしたいのかを綴りたいと思います。

私は一九八一年生まれの三一歳です。

撮影・田中康弘

「よっちゃん堂」の一年

●1～4月前半
冬本番で雪のため直売所は低空飛行。副業の酒蔵の稼ぎで凌ぐ

●4月後半～GW過ぎ
地域の桜を見に観光客が押し寄せるため多忙

●5月中旬～6月
田植えや農作業が本格的に始まる。直売所は端境で品薄に。梅雨時は客足落ちる

●7～8月
暑くてごはん物が売れ残る時期。スイカの名産地なので盆前後は直売所が大賑わいで稼ぎ時

●9～11月
一番の稼ぎ時。毎週末どこかでイベントや収穫祭など。自分の田畑の収穫期も迎えバタバタ。10月より酒蔵勤めと並行

●12月
寒くなり直売所は静かになるが、年末は売れる

出身は宮崎県延岡市で、靴屋の次男として生まれました。大学進学を機に上京し、専攻は仏教学。次第に「食」に興味を持っていきました。卒業後は、世田谷の有機農家で研修生として学び、ここで「農家はうまいもの食ってるな～」と感激しました。初めて「農業」が自分の世界に入ってきました。ただこの時点では就農は考えていませんでした。

加工所や直売所でのアルバイト生活

二〇〇五年、福島県二本松市で開催された「日本有機農業研究会大会」に参加した折に、たまたま山形から参加していた方々と知り合い、移住を誘われたのが、山形暮らしの出発点でした。このときに誘ってくださった「白鷹町農産加工研究会」でのアルバイト経験が、自分の加工技術の基礎になっており、今思えば大変貴重な経験をさせていただきました。

七年前に一人で始めた山形暮らし。紆余曲折あって現在は長井市の伊佐沢という豊かな農村に出会い、居を構えました。結婚もし、二人の子どもにも恵まれ、いよいよ根っこが生えてきた

「てづくりおやつ　よっちゃん堂」の主な加工品（この他にロールケーキやクッキーなどもある）。メインの赤飯やおこわは多いときで1日に50パック以上売れる

ところです。

この集落でも得がたい出会いがありました。「伊佐沢共同直売場」と「手づくり沢そば・蔵高宿」です。私も妻もこの直売所とそば屋の親方のおかげで伊佐沢に暮らせているといっても過言ではありません。三年間のそば屋体験や直売所でのアルバイトのおかげで、地元の農家の方々と知り合うことができました。この経験があったからこそ、伊佐沢で暮らしていこうと思ったのです。

二年前に加工所を持ち、いざ独立

三・一一を契機に、近くに売りに出ていた古い民家を購入しました。半年かけて友人の大工さんとリフォームし、一部屋を加工所にしました。「手づくりおやつ よっちゃん堂」のスタートです。私が赤飯やおこわ、もちなどを、妻が地元の素材を活かした焼き菓子やプリンなどを作り、市内三カ所の直売所といろいろなイベントに出品しています。今年度は売上でやっと二〇〇万円を超えました。目標は五〇〇万円ですが、まだまだですね。

「よっちゃん堂」の加工食品

通年商品
- お赤飯
- 秘伝豆おこわ
- 平飼い有精卵のプリン
- 大吉くん納豆

春先（4～6月）
- よもぎもち
- よもぎパウンドケーキ

夏（7～8月）
- 伊佐沢りんごゼリー
- オーガニックコーヒーゼリー
- 長井産大豆100%の豆乳寒天

秋・冬（9～3月）
- かんころもち
- あんこもち
- じんだんロールケーキ
- あんこロールケーキ
- クッキーいろいろ
- 伊佐沢産紅玉のアップルパイ
- あんこパイ

小さな加工にこだわって

この世界に入ろうと思った根本的な動機は「自分で食べるものは自分でつくりたい」でした。目的は「日本の農村が持つ、自然と共存していく知恵や文化を少しでも身につけて、できるだけ迷惑をかけない暮らしを実践し、おいしい農産物を食べ心身ともに豊かに生きる」です。そのための手段が「農業」だと思ったのです。しかし、たくさんの課題に直面しました。単純に言うと、お金を稼ぐということです。土地も設備も機械も技術も経験もない人間にとって、見知らぬ土地で農業でお金を稼ぐには、初期投資がかかりすぎるし、その投資に見合った利益を得て、さらに営農を続けるには効率が悪すぎます。

その対応策が「農産加工」でした。しかも小さな加工にこだわりました。前述した加工グループでの経験は、技術とともにグループ経営の難しさも教えてくれました。端的に言うと、グループでは時給でしか稼げないけど、自営だともっと稼げる。高価な設備を入れて一〇人で一億円売り上げるより、金をかけない設備で夫婦二人で五〇〇万円売り上げたほうが、実入りがいいのではと思ったのです。製品へのこだわりや責任もすべて負うことになるので、やりがいにもつながります。

まずは菓子製造業の免許をとりました。メインの加工品である赤飯とおこわは、一人でも短時間で大量に作れることが導入の決め手です。初期投資もそれほどかかりません。基本的に必要なものはガスコンロと大きな蒸かし器、ボウルくらい。その他、加工全般に必要な冷蔵庫、ステンレス作業台などは、もらったり中古で安く買ったものばかりです。計六〇万円ほどですみました。

所得三〇〇万円あれば家族四人で豊かに暮らせる

私は所得で三〇〇万円あれば本当に豊かに暮らせると思っています。小さな子どもが二人いるので、「これからは金かかるぞー」と脅されたり、自分でも思ったりしていますが、とりあえず今は三〇〇万円で十分です。うちは農産加工ですので、食費はそれほどかかりません。

この三〇〇万円を得るために、たとえば米なら耕作面積や機械など、どれだけかかるでしょうか？ 今の米農家は二〇町歩ないと食っていけないとよく聞きます。それこそいくらの所得を得るかが問題なので、一概に言えませんが、自分の場合は四坪の加工所でそれを稼ごうとしています。

加工品の原料をつくりたくて農地を取得

今話題の「青年就農給付金」を申請するという不純!?な目的といいますか、加工品の原料をもっと自分でつくりたくて、昨年七月に正式に農地を取得しました（編集部注：「青年就農給付金」は夫婦で交付認定され、年間一二五万円を最長五年間もらえることになった）。すべて借地で、田が三反、畑が約八反です。作物は無農薬の米（もち米も含む）、ダイズ、アズキ、ジャガイモ、サツマイモ、ソバなどです。すべて自分でできるわけがなく、親方や妻の両親にも手伝ってもらっています。田んぼや畑は草だらけで素人以下。まったくもってだらしがない農業に甘んじています。

かたや加工所のほうは波がありますが、通年で稼働しています。昼間は農作業や諸々のことがあるので、一日中加工所にいることはありません。妻は家事育児をしながらなので早朝か深夜が活動時間。私は基本的に夜は仕込みで朝二～三時間で加工品を作ります。イベント出店のときは、妻の両親やおばさんなど子守の助っ人を頼み、三～四日前から仕込んで前夜はほぼ徹夜です。眠くなりますが、完売すれば疲れも吹っ飛びます。やりたいことで生きているので大変だけれど苦痛はありません。

昨年の冬からは、地元の酒蔵に勤め始め、冬季の職を得ました。当地は年明けから四月前半まで、雪と寒さのために直売所のお客さんは減ってしまいます。店舗を持たない「よっちゃん堂」は冬季の売上減少が課題でしたので、冬の酒蔵仕事は安定収入につながり、大変助かっています。おまけに私は酒好きなので、仕事自体が面白くてたまりません。酒造りもいわば農産加工ですものね。ハマリ過ぎて本業がおろそ

赤飯でいくら稼げる？
（編集部試算）

●佐藤さんの1日の加工時間は朝の2～3時間。それで**最大70パック（もち米8kg）**作れる。ほかの加工品はこんなに効率よく作れない。ここが赤飯やおこわ加工の強み

▼

●70パックすべて売れると……
70パック×250円（1パック）＝1万7500円
※現状はもち米の仕入れが多いので経費率は4～5割くらい

▼

●粗利は……
1万7500円（売上）－約7000円（経費）＝1万500円
➡1日で最大1万500円の粗利
（1カ月で約30万円）
※現状での売上は1日平均にすると20パックほど

▼

●自家産のもち米で赤飯にできれば経費率はもっと下げられる。1反の田んぼで8俵とれ、すべて赤飯にして売れたとしたら……
480kg（8俵）→4200パック
4200パック×250円＝105万円
➡1反の田んぼで105万円

赤飯 250g 250円

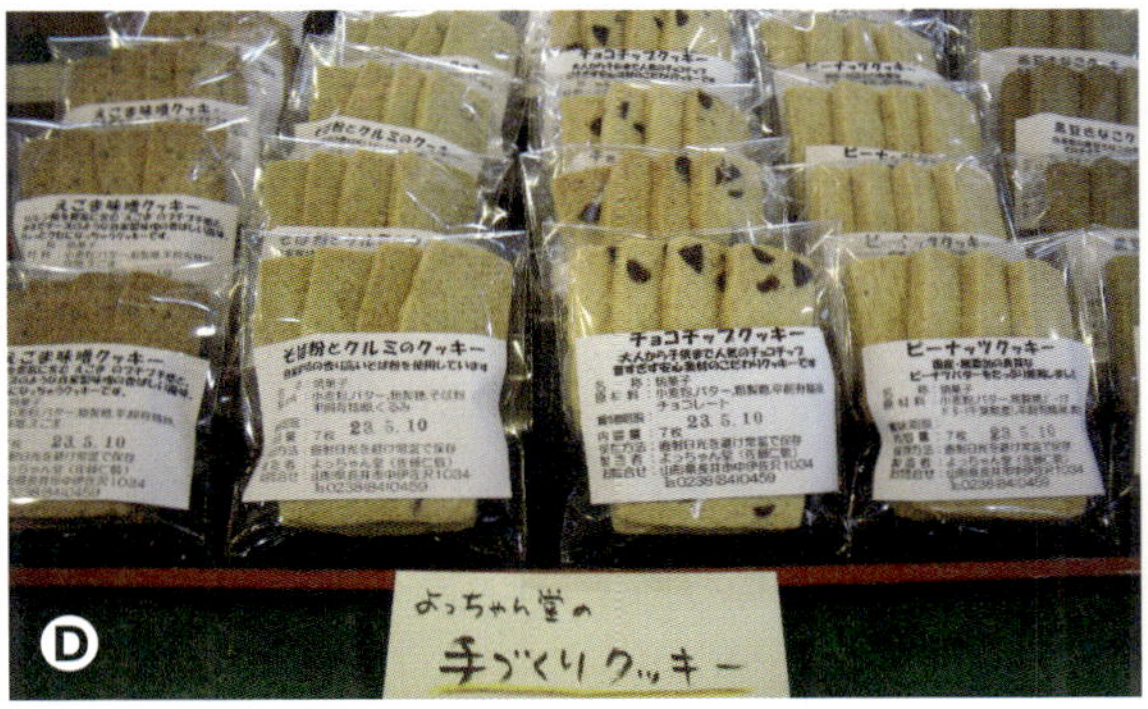

Ⓐ黒豆きなこたっぷりのくまのクッキー　Ⓑ自家製あんこのロールケーキ　Ⓒ自家製あんこのあんこパイとアップルパイ。あんこは伊佐沢産小豆使用。バターと小麦粉のみの上質なパイ生地で包んだ　Ⓓ手づくりクッキーいろいろ。南部地粉、よつ葉バター、平飼いの新鮮な卵使用

かにならないよう気をつけねばならないくらいです。

これから新規就農と農産加工を目指す方々へ

アドバイスというと偉そうですが、自分が思い、考えていることを書いてみようと思います。

借りる、もらう、拾う技術

軽トラ、ハウスの骨、二条刈りコンバイン、イネの杭一〇〇本、外壁材、薪、ハーベスタ、バインダー、運搬機、ガス台、ステンレス作業台などは、もらったり拾ったものです（トラクタなどの大きな機械は借りている）。

お金がない人間には人脈とコネが物をいいます。コツは欲しい物を適当な人に伝えることと、皆が持っているものを持たないことです。たとえばテレビは「買い換えたのであげる」という方が大勢います。特に加工施設の機材は廃業した飲食店をチェックしておくといいです。

農家と加工業者の隙間をねらう

伊佐沢には本当においしく高品質の野菜、果物をつくるプロ農家がたくさんいらっしゃいます。また、お茶のみ文化が根強いため、三万人に満たないこの街に和菓子・洋菓子店がたくさんあります。「よっちゃん堂」は農産物でもお菓子でも駆け出し素人です。でもその隙間を狙えば活路が見えてきます。

プロ農家は半端なものは捨ててしまいます。それを極安でいただきます。プロの菓子職人は安定性のために思いつき商品はあまり出しません。そこを狙います。うちでは主に季節の果物を使ったパイなどですが、それを直売所で売ると、季節感やお得感を獲得できるのです。

まずは金を生むものに金をつぎ込む

たとえば三〇〇万円あるとします。

自宅の一室に作った加工所。持っているのは妻が作ったプリン

三〇馬力のトラクタを買えば、より早く効率的に作業ができるようになるでしょう。しかしトラクタ自身は金を生みません。金を生むための作業を手伝ってはくれますが、生まないどころか燃料、整備、格納庫などが必要で毎日は働きません。

そこで加工所です。三〇〇万円あったらかなり立派な加工所を持てます。パンでも漬物でももちでも毎日作って売れたならば、その三〇〇万円（加工所）は金を生みます。うちの場合は約六〇万円で加工所が仕上がったので、年に三〇〇万円売れればすぐ利益が生まれます。とにかく新規就農者は金になるまでの時間が短いものから揃えていけばいいのではないでしょうか。

◆夫婦で稼ぐ

グループでも会社でもない、家族経営の加工所の強みは機動力と方向性の共有にあると思います。また、いくら「小さく」といっても一人では商品のバリエーションやお客さんの幅がどうしても限られてしまいます。うちの場合は、私がおこわやもちなどでおばちゃんやお年寄りの客層を、妻が若い人やママさんに受けそうな商品を作ることで幅広い客層を得られていると思います。

◆月一〇万円の仕事を三つ持つ

非電化工房の藤村先生の著書『月三万円ビジネス』を読みましたが、うちは月一〇万円ビジネスを三つ持とうと考えました。日々の直売所では日銭を、冬場の酒蔵勤めでは月銭を、米や豆などの農産物販売での売上で年銭を得ることで、複数の収入源を確保しています。今後はそれぞれの柱を太くすることが課題です。

◆私の3K農業「観察して、工夫して、こぢんまり」

今をときめく農家のこせがれネットワークは「感動があり、かっこよくて、稼げる」農業を標榜していますが、その先には儲かっていい車に乗ろうとか、東京に進出しようとか、なんとなくバブル期を是とする匂いを感じてしまいます。事前に「持っている者」へのジェラシーなのかもしれません。そもそも農業を無感動でかっこ悪くて稼げないという意識で見ていることへの違和感があるのです。よっちゃん堂は「観察して、工夫して、こぢんまり」の3K農業でいきます。

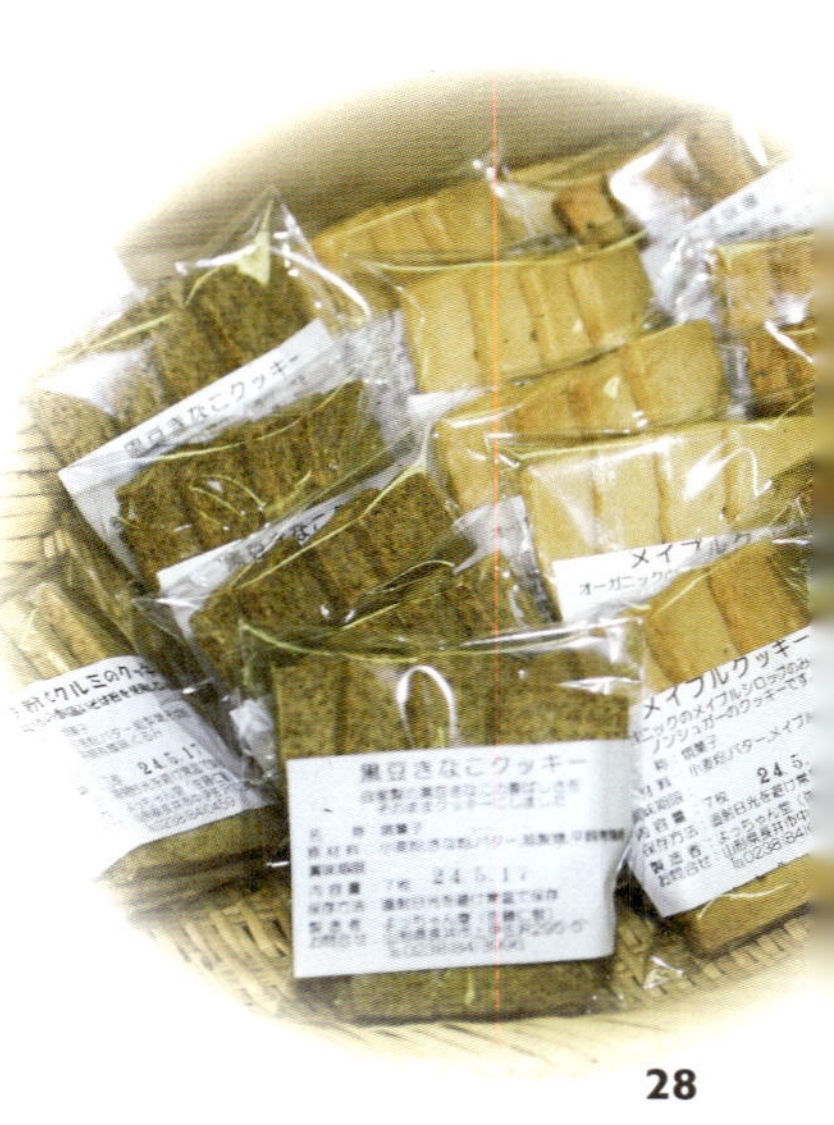

かんころもち。3個入り200円
できたてはとてもやわらかく、扱いが大変。うちは夜つくって一晩置き、朝成形してパックに詰めています。基本的に、作ってから1 ～ 2日でそのまま食べてもらう商品です。型に流して冷蔵庫で急冷し、冷え切ったら切りもちにして、あぶって食べても美味しいと思います。そのほうが賞味期限も長くなると思います。

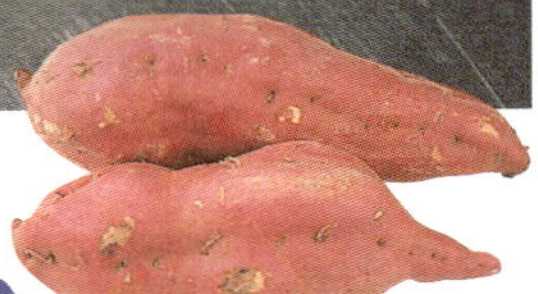

つきたてを食べる かんころもち

山形でかんころもちはうちだけ!?

かんころもちと聞いてピンと来る方はきっと九州の人なのでは？　一般的には長崎県のかんころもち（なまこ型でショウガが入り、切ってあぶって食べる）が有名ですが、私の故郷、宮崎県のかんころもちはちょっと違います。もち生地にサツマイモの粉が練りこんであり、甘みがついていたり、あんこを包んでいたりしていて、搗きたてを食べる柔らかいおもちです。道の駅や直売所でよく見かけると思います。

加工所を始めるに当たって、季節の野菜や果物が豊富な地域ですので、素材には事欠きません。そんな中で「山形でかんころもちを出したら面白いんじゃないか？」と思い商品化しました。

作り方は、まず宮崎の親戚のばあちゃんに聞きました。このばあちゃんは何でもできる人で、聞けば何でも教えてくれました。宮崎ではサツマイモの粉を使って作るのが主流のようですが、私は生イモを使いました。山形の米やイモは味が濃いからきっと美味しいものができるという予感があったのです。

郷愁のもち菓子

今はもち米もサツマイモも自分で無農薬で栽培したものを使って、かんころもちを作っています（作り方は次ページ）。イベントなどで対面販売をするときには、まず試食してもらってから、九州のおやつなんですよ、と説明します。かんころもち自体の珍しさに加えて、宮崎出身の私が移住して半農半加工していることを話すと、お客さんから「へぇ～、九州から!?　がんばってね！」と驚かれ、会話が弾みます。

山形ではほとんどの人が初めて食べるもちですが、おいしいといって買っていってくれます。特に子どものおやつにと買ってもらえるのがうれしいですね。雪国で暮らしていますが、故郷を思い出しながら作る郷愁のもち菓子です。

（二〇一三年一月号・三月号掲載）

筆者（左端）の家族と、
千葉県からよく手伝い
に来てくれる妻の父母、
そして友人たち

よっちゃん堂オリジナル　かんころもちの作り方

材料

もち米…………………………………　1kg
サツマイモ…………………………… 1.5kg
砂糖………… 250 ～ 300g（お好みで）
塩………………………………… 5 ～ 8g

作り方

1 もち米は一晩水に漬け、水気を切る。サツマイモは皮をむき、水にさらし、適当な大きさに切っておく。

2 蒸し器でもち米とサツマイモをそれぞれ40 ～ 50分蒸かす。

3 もちつき機に蒸しあがったもち米を入れ、まずもちだけを搗く。もちになったら蒸しあがったサツマイモを加え、しゃもじでつぶしながら、もちと混ぜていく。

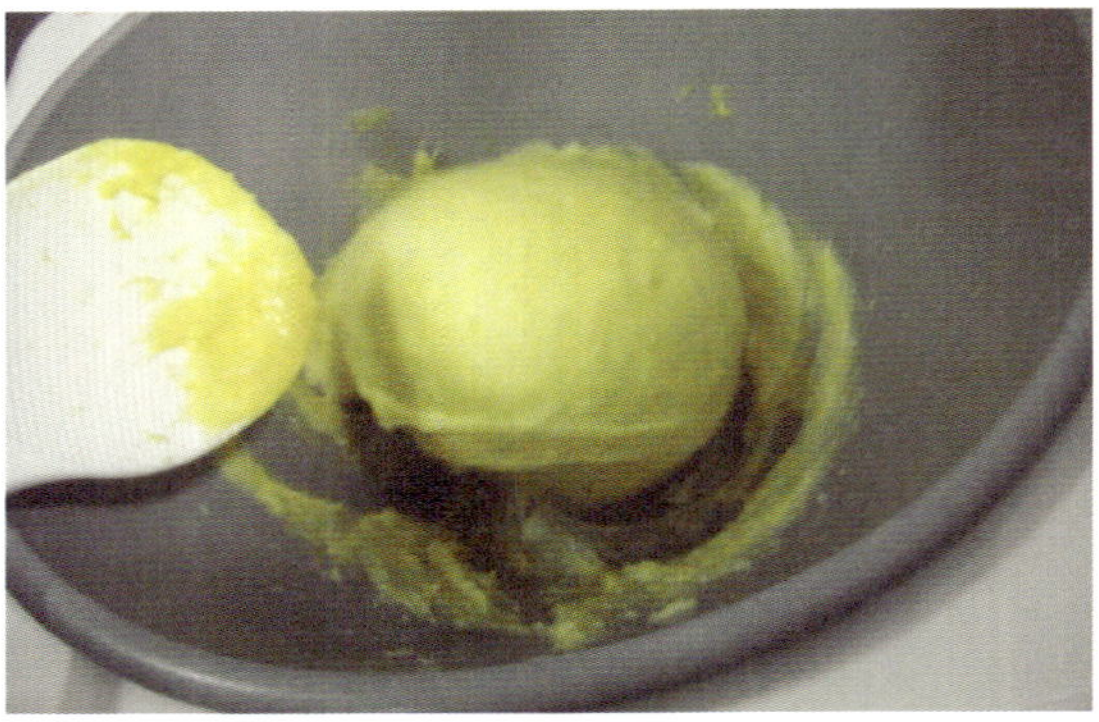

4 もちとサツマイモが完全にひとまとまりになったら砂糖、塩を加え、粒が溶けてなくなるまで、もちつき機を回す（できあがり）。

5 3玉入りのパック詰めで出しているので、もち切り機を利用して切っている。できたもちをホッパーに入れる。

6 ハンドルを回しながら切って落とす。打ち粉はきな粉。この分量で18パック作っている。

（二〇一三年三月号掲載）

けうもまた
こころのかねをうちならし
うちならしつつ　あくがれてゆく
（牧水）

料理好きが高じて コンニャクと漬物を 製造販売

愛知県豊田市● 前田千代子さん

コンニャクイモの皮をむく前田さん。コンニャクが肌に触れるとかゆくなるので、ゴム手袋を必ずはめる。皮はざっくりとむく

「コンニャクって水ものといわれるくらいで、生イモ五〇gに水が一・八ℓも入るんです。水で膨らませてる感じ。しかもいろんなものを混ぜられるから、手間をかけるほどおもしろいんですよ」

そう話すのは前田千代子さん。コンビニ向け惣菜類を製造する会社に、六年前まで勤めていた。退職後、料理好きが高じて、農家でもないのに、地元直売所でコンニャクや漬物を売り始める。借りた畑でコンニャクイモの栽培を始め、去年は五〇kgとれ、友だちから買い入れたぶんを含めて三八〇kgのコンニャクを加工するつもりだという。

生イモをすりおろす加熱練り

前田さんのコンニャクのつくり方は、初めにイモを茹でたりしないで、生イモをすりおろしてつくる加熱練りという方法だ。

そのつくり方を見せてもらった。生イモをミキサーですりおろし、すぐに火にかけてぐるぐると練る。凝固剤を入れてすぐ練ると間もなく固まった。イモを茹でたり蒸したりしてつくるやり方と違って、固めるまでの加熱工程

1 皮をむいた生イモをミキサーにかける。一回に練るイモは750gと決めている。練るのに手がラク。イモ750gを練るのに加える水は2.7ℓ（イモの乾燥がすすむ2月からは100cc増やす）。

2 加熱練り。ミキサーにかけたイモを10分ほどおいてから火にかけて練る。鍋底が見えるくらいにとろみが出たら炭酸ソーダ（炭酸ナトリウム）22gを投入。

3 鍋を下ろしてすぐ手でこねる。薄手の軍手と厚手のゴム手袋をつけると熱くない。ヘラだとムラが出やすく腕が疲れる。

4 型に流し込み、固まるまで待つ。固まるまでの間に他の作業ができる。

5 熱湯で20～30分ゆでてアクを抜く。できたコンニャク。2つ入りで200円。

が一発なのでシンプルな印象。

「イモを蒸してつくったときは一〇回に一回失敗してたけど、このやり方にしてからは失敗がないんです」と前田さん。

どうして失敗しないのかはよくわからないが、漬物もたくさんつくる前田さんにとっては、神経を使う固める作業までが一気にすむ加熱練りのほうが相性がいいのかもしれない。

どこにもないコンニャク料理を

前田さんのコンニャク料理は独創的。「どこかで食べたことあるものより、驚いて飛びついてもらえる料理が好きなの」。人を楽しませたり驚かせたりすることも好きなのだ。

つくってくれた料理の一つ目は、凍みコンニャクを使ったコンニャクカツ（略してコンカツ）。コンニャクを冷凍したらスカスカになってしまった失敗を逆手にとった料理だという。

「スカスカってことはスポンジみたいになるから、味がしみやすいってことでしょ。そこにチーズも入れてカツ風にしてみたんです」

食べてみると、コンニャクの歯切れ

イベントでは炊飯器持参で試食販売に力を入れる。「これなら素人でも買ってもらえると思って」

は悪いが、外はサクッと、中はトロリの新感覚カツ。チーズを二種類入れるとコクが出るのだとか。この料理で、前田さんは地元の料理コンテストで最優秀賞を受賞した。

そんな実力を見込まれ、地元の自治会長さんに「自治会の祭りに何か料理を」と頼まれてつくったのが、おからとゴマ入りコンニャクの唐揚げ。食物繊維豊富なおからを口当たりがいいようにフードプロセッサーにかけ、やはり体にいいゴマといっしょにコンニャクに練り込んで揚げた。外がサクッとしていて、中は味付きのコンニャク。味は、だし汁ベースに、コチュジャンでピリ辛に仕上げている。たしかにどこにもない料理だ。

漬物は袋で漬けて そのまま売る

コンニャクと並ぶ前田さんの看板商品は漬物だ。前田さんの漬物は袋漬け方式。

「何でも刻んで、調味料といっしょに袋に入れたらおしまい。明くる日には浸かる。袋は使い捨て。漬物容器みたいに洗う手間もいらないし、イヤなニオイもつかない。直売所に持っていくときには、発泡スチロールのトロ箱に袋ごと詰めて、そのまま机に並べて売る。持ち運びもラクよ」

袋漬けの中身は、ナスの辛子漬けなどの定番ものから、カボチャの浅漬け、根菜五種の醤油漬け、納豆の醤油漬けなどの珍しいものまでバラエティ豊か。前田さんはこれらの袋漬けをどれも一つ一〇〇円で売る。だから前田さんの屋号は「佰円屋」。漬物とコンニャク持参で各地のイベントや朝市に出かけては、お客さんとのやりとりを楽しんでいる。

（二〇一四年三月号掲載）

トロ箱に詰めた袋漬けの漬物。製造販売にあたり、豊田市の保健衛生課に相談して始めた

Part 2

農家の加工・保存レシピ

昔ながらの方法とはちょっと違う、
いまどきの農家の
加工法、保存の技を
とくとご堪能あれ

波トタンを使って干し野菜を上手につくる小林貞美さん（三六ページ）

 撮影・赤松富仁

干し野菜・ドライフルーツ

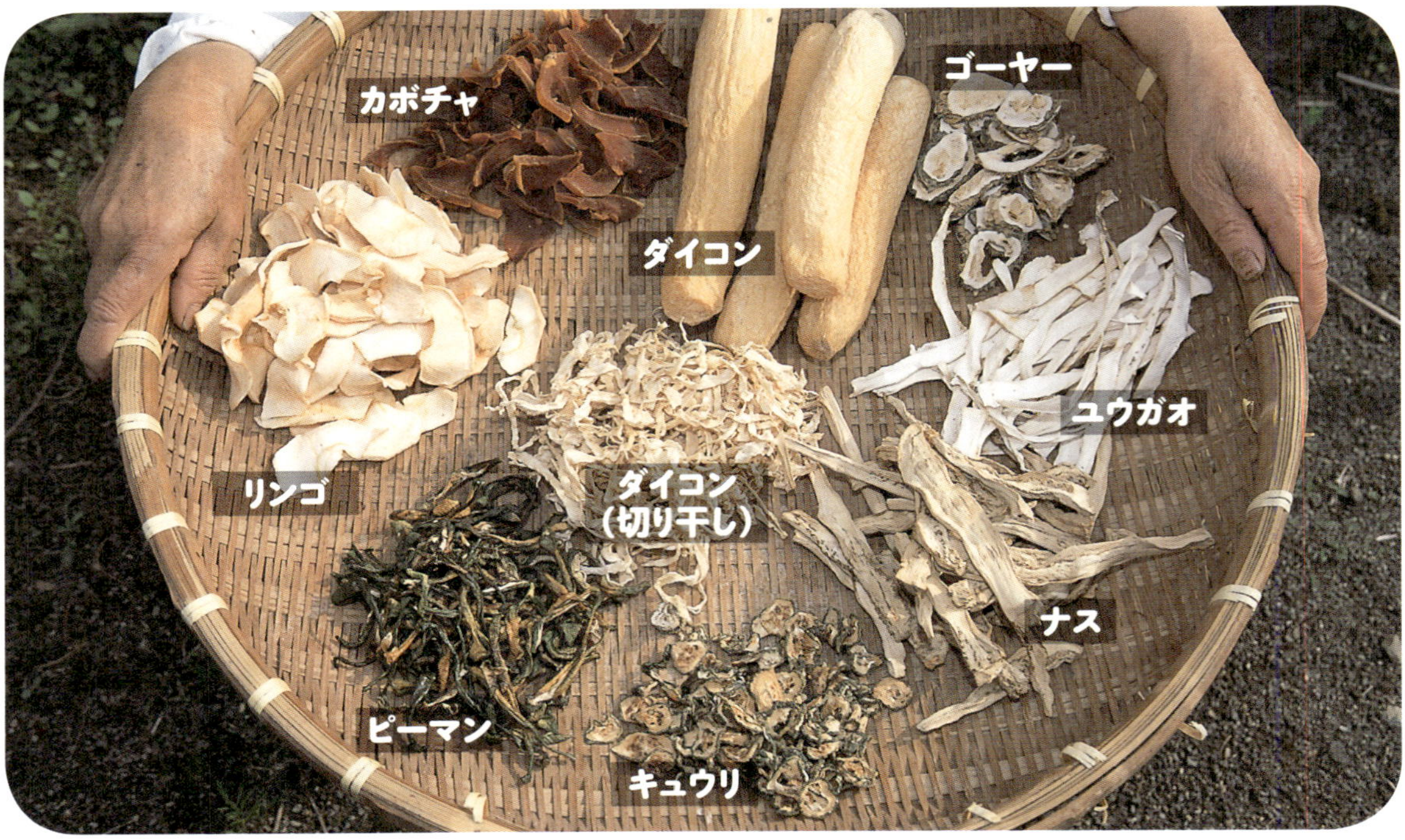

波トタンを使って作る干し野菜

長野県長野市●小林貞美さん

波トタンの上に並べて2日目のリンゴ。保管は密閉容器で。湿気てきたら再び天日で干す

波トタンを使って干し野菜を作っています。波トタンは波状になっているので熱の反射が多くなり、野菜の下を風が通り抜けるので乾燥が早まります。たいがいの野菜は干すことができますが、野菜によって干し方が違います。

●生のまま切って干す

ゴーヤー、ピーマン、ユウガオ、ニンジン、ダイコン、キュウリなど。ゴーヤーは中のワタを割り箸などで押し出してから、輪切りにして干す。ピーマンは二つ割りにしてタネを取りそのまま干す。

●湯がいて干す

モロッコインゲンやササゲ、サツマイモの茎は熱湯で湯がいてから干す。

●途中で蒸す

カボチャは干すだけだとかたく

筆者の売る干し野菜。小袋に入れて1袋200円前後で売る

なる。半分に切って皮をむき、タネとワタを取り、五㎜厚さに切って、秋晴れの日に波トタンで二、三時間干す。表面が少し白くなったら八分ほど蒸し器で蒸し、食べてみて生でなければもう一度波トタンに並べて二、三日干す。

リンゴも波トタンで干す

リンゴは乾燥しやすい冬に干します。皮をむいて半分に割り、芯をとって二〜三㎜に切り、塩をひとつまみ入れた水にサッとつけてからザルにあげ、一枚ずつ波トタンに並べます。

シイタケ乾燥機で切り干し大根

熊本県合志市●村上カツ子さん

我が家では、一本二kgくらいのダイコンを軽トラック一台分収穫し、洗って、日当たりのよい玄関横のコンクリート床に古い布団を敷いて干します。凍らないように夕方には布団をかぶせて四日ほど干し、五日目の早朝から皮をむいて左図のように切り、シイタケ乾燥機で干します。乾燥してくるとダイコンとダイコンの間に隙間ができるので、ムラ乾きしないように他の棚からダイコンを移して隙間を埋めます。そのとき、ダイコンを手でもむようにすると、やわらかく仕上がります。

シイタケ乾燥機を見せる主人。これで干しタケノコも作る

ダイコンの切り方

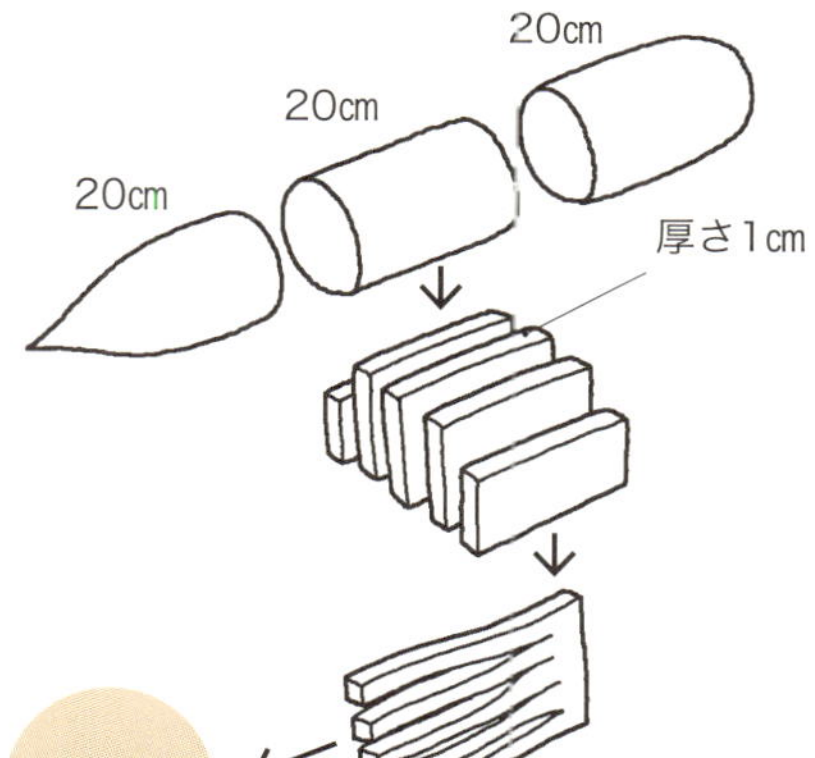

乾燥のさせ方と手入れ

点火（朝6時頃）
約2時間……棚3段
手入れ①
約2時間……2段
手入れ②
約2時間……1段
手入れ③
約4～5時間……1段
完成（夕方5時頃）

切り干し大根。80g入り180円。保存は米の低温貯蔵庫で

専用干しカゴで半干し野菜

東京都●廣田有希さん

「常陸屋」の干しカゴと盆ザルで干した野菜

料理道具屋である私は、干し野菜のためのカゴを製造しています。そのオリジナルの干しカゴを皆様に使っていただくために、いろいろな野菜を干しているうちに、半干し野菜のトリコになりました。半干し野菜のお気に入りの点は、

- **●戻す必要がない。**
- **●生のフレッシュさと干した熟成感の両方を味わえる。**
- **●味が濃くおいしくなり、食感もよくなる。**
- **●すでに切ってあるので料理が楽。**
- **●冷凍保存ができる。**

といったところです。

半干し野菜を使うと、いつも通りに料理をしただけなのに、いつもよりはるかにおいしくできあがります。炒め物にしてもシャキシャキで、まるで中華料理店のように仕上がります。

基本の干し方

- ●よく洗い、水気をふき取り、好みの大きさに切り、半日～2日干す
- ●晴天、風のある日に干す（くもりで風のない日、雨の日は干さない）
- ●カット野菜と同じ扱いなので、干したてがおいしい。冷蔵で3～5日ほど。しっかり干せば、ほとんどが冷凍可

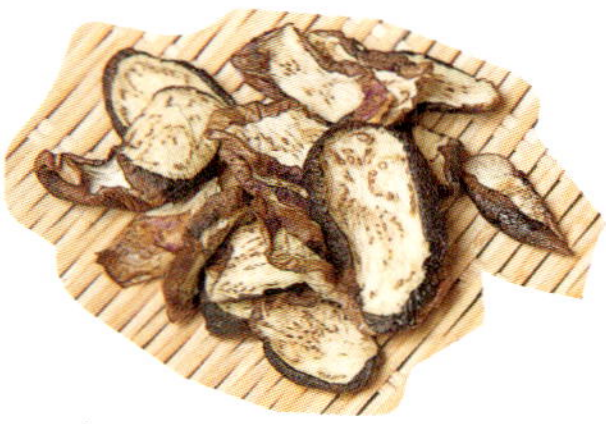

ナス

1.5㎝幅に切り、半日～1日干す。風や太陽光が強い日などで、カラッカラになってしまったら、使う前に少量の水をふりかけておくか、焼くときに水分を足して、蒸し焼きにする

ミニトマト

ヘタと平行に半分に切り、半日～2日干す。グミのような感触になったらＯＫ。タネとゼリー部を取り除いて水気をふいて干すと早く仕上がる

トウガン

2㎝幅に切って、晴天に1日干す。しんなりしてきたら、おいしいタイミング

キュウリ

8㎜程度のスライスにして、半日～1日干す。日光、風の加減で切り幅、干し時間を調整。日差しの強い日には、縦長に半分に切って1日干し、使うときにスライスしてもよい

撮影・田中康弘

半干しキュウリと豚のショウガ炒め

材料

半干しキュウリ…… 2本分(8㎜スライス)
豚肉…………………………………… 50g
(キュウリと同じ幅に切る)
油揚げ………………………… ½枚(同上)
白すりゴマ……………………………… 適量
ショウガ絞り汁………………… 大さじ1
塩………………………………………… 適量
醤油……………………………………… 少々
油………………………………………… 適量

作り方

❶豚肉に、塩・コショウ・酒少々(分量外)をふっておく。
❷温めたフライパンに、油を入れて豚肉を炒め、色が変わってきたらキュウリ、油揚げを入れて炒める。
❸全体的に焼き目がついてきたら、塩で味を調え、ショウガ汁を入れてあえ、醤油を鍋肌から回し入れて火を止め、ゴマをふって完成。

半干しトウガンのツナチーズ焼き

材料

半干しトウガン…………………… ¼個分
(2㎝幅の厚切り)
ツナ缶………………………… ½缶(40g)
ニンニク(スライス)……………… 1片分
塩………………………………………… 少々
A (味噌・酒…各大さじ1、ケチャップ・醤油…各小さじ½)
溶けるチーズ…………………………… 20g
オリーブ油……………………………… 適量

作り方

❶フライパンに油とニンニクを入れ、火にかける。
❷ニンニクに火が通ってきたら、トウガンを入れ、フタをして弱火で蒸し焼きにする。
❸片面に焼き目がついたら裏返して塩少々をふり、**A**の調味料とツナを入れて、再度フタをして蒸し焼きする。
❹水分がなくなり、トウガンに火が通ったら、耐熱容器に移し、チーズをかけてオーブンでチーズが溶けるまで数分焼いて完成。好みで、黒七味をかけるのもおすすめ。

戻さず使う 干し野菜レシピ

北海道美唄市●つむぎ屋

乾燥野菜の一部。どれも１袋300円から。
美唄市の「アンテナショップPiPa」で販売

生活改善グループのメンバーで、「つむぎ屋」として、干し野菜を販売しています。意気込んで乾燥機を買ってはみたものの、説明書には簡単なことしか載っておらず、悪戦苦闘の連続でした。

　私たちの干し野菜のキーワードは「簡単」「すぐ使える」。これは自分たちが求めていることでもあります。干し野菜を上手に使うと短時間で食卓が整い、忙しいときには本当に助かります。

干し野菜の快速調理法

ゴボウ鍋

鍋に干しゴボウをたっぷり入れ、冷蔵庫にある肉、豆腐を入れて煮る、だしがたっぷり出て絶品

ミニトマトの炊き込みご飯

といだお米（2～3合）にドライトマト（12～13個）を細かく刻んで入れて20～30分浸水させる。オリーブオイル大さじ1、塩小さじ1、黒コショウ適量、お好みでニンニクのすりおろしを入れてスイッチオン

ナスの揚げびたし

ナスは乾燥したまま、油で揚げる。15秒ほどでプクッとふくらんだらあげて、麺つゆに漬けこむ

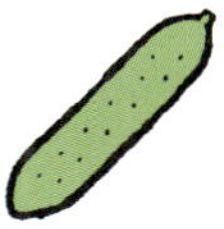

キュウリ

せん切りで12時間、
ちょっと厚めの輪切りで
18 ～ 20時間

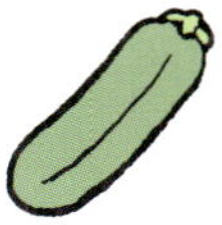

ズッキーニ

5㎜の輪切り、または
縦切りで18 ～ 24時間

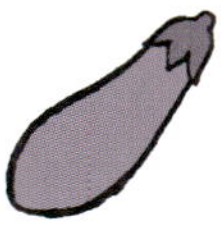

ナス

切ったあと、塩水につけて
アクを抜く。
5㎜の厚さで12 ～ 18時間

ミニトマト

縦半分に切って、
カラカラにするには
48時間以上必要。
品種によっては焦げることも

アスパラガス

繊維を断ち切るように薄切りで
12 ～ 15時間

夏野菜の乾燥時間

ほとんどの野菜は45 ～ 55℃の間で乾燥していますが、入れる量、切り方、室温、外気温で微妙な調整が必要です。

「つむぎ屋」で使っている静岡精機の食品乾燥機

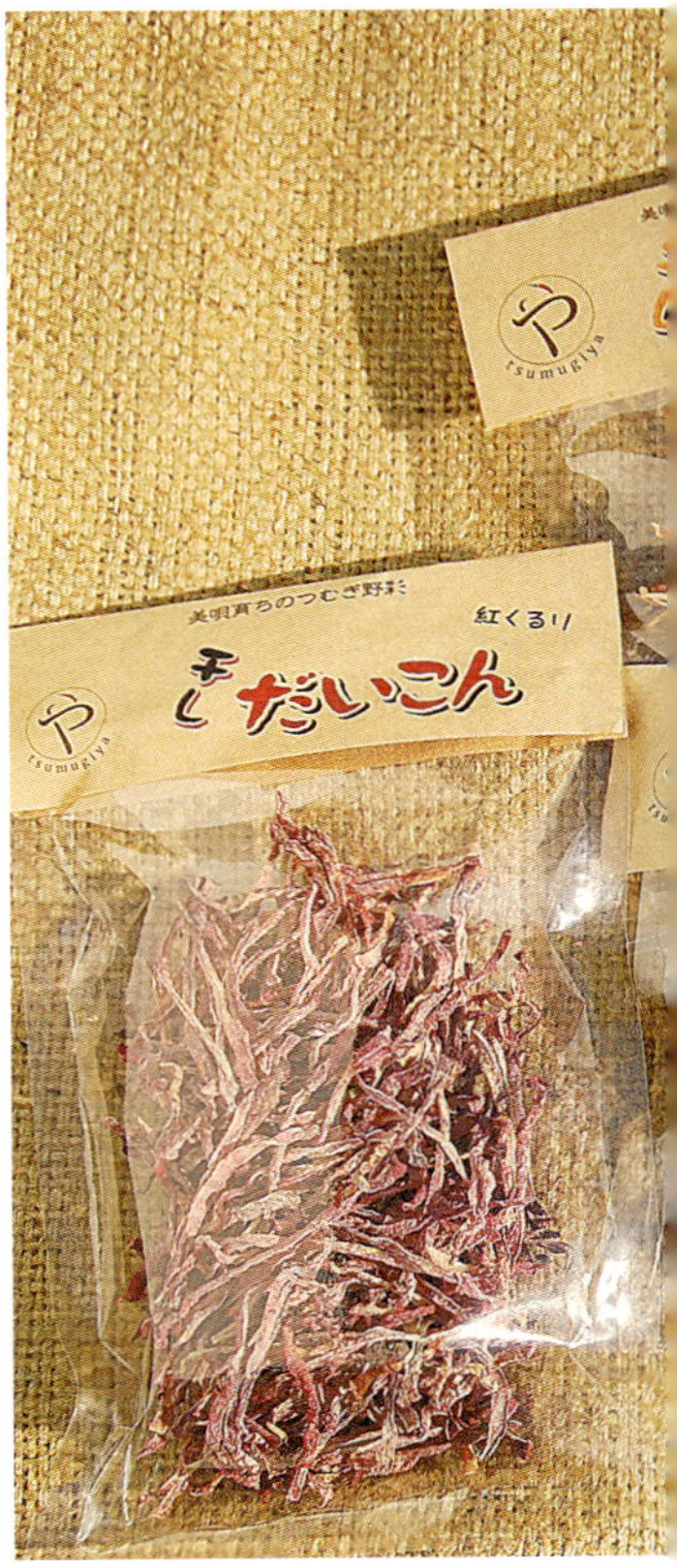

切り干しダイコンのポン酢漬け

密閉容器に、ポン酢を水でお好みの濃さに薄め、切り干しダイコンを入れる。冷蔵庫で一晩、おいしい漬物のできあがり

サーモンマリネ

干し紫タマネギをスモークサーモンに挟んで、オリーブオイル、酢、塩、コショウをかけたら10分で完成

パスタ

麺をゆでるとき、一緒にナス、ズッキーニ、ミニトマトを入れる。ザルにあげて、オリーブオイルで炒め、お好みの味付けで

 撮影・佐々木郁夫

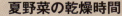

ドライフルーツとユズ皮粉末

福岡県久留米市●池尻セツ子さん

天日干しと乾燥機を組み合わせてドライフルーツを作っています。天日だと虫がつくので、金網のついた枠を二枚一セットで二組作り、干した野菜の上にかぶせるようにして虫を防いでいます。

ユズ皮は天日に干してミキサーで粉末にします。スライスして天日干しにもします。これらを利用して冬はホットでポッカポッカに、夏はクールでさわやかに、一年中ユズの香りを楽しんでいます。

ユズシェイク

湯冷ましを作り、そこにユズ皮粉末と砂糖かグラニュー糖を加えてよく混ぜる。これを製氷皿に入れて凍らせ、氷の形が残るくらいにミキサーにかける。練乳か牛乳をかけていただく。

ユズゼリー

ユズ皮粉末に、寒天、水、グラニュー糖、ハチミツを加えてよく混ぜ、冷蔵庫に入れて固める。サクランボや生クリームをのせて。

ナシ

皮をむいて、小さいものなら4等分、大きいものなら8等分に切ってから、5㎜厚さのイチョウ切りにする。40度の乾燥機に4時間くらい入れ、あとは天日で仕上げる。

巨峰ブドウ

1粒ずつよく水洗いし、ザルにあげる。乾きやすいように実を半分に切り、乾燥機のトレイに並べる。温度を60度に設定し、6時間くらい乾燥させた後、天日で乾くまで干す。カビ予防のために50度の乾燥機にふたたび1～2時間入れて仕上げる。タネは最後に取り除く。

カキ

皮をむいて4分の1の大きさに切り、さらに3㎜くらいのイチョウ切りにする。40度の乾燥機に1日半くらい入れ、あとは、天日でかたくなるまで干して仕上げる。品種は何でもよい。

リンゴ

皮をむいて3㎜くらいに切り、変色しないように塩水に30分ほどつけてから、40度の乾燥機に3時間くらい入れる。あとは天日で仕上げる。リンゴはわりと早く乾く。

砂糖の力でやわらかく
ドライプルーン

長野県坂城《さかき》町●味ロッジわくわくさかき

ドライフルーツ入りパウンドケーキ。売り先によって1個130～150円で販売。学校給食にも出す

干しアンズ、干しリンゴ、干しプルーン。どれも70g400円

ドライプルーン作りの工程

1. 洗って2つ割りにする
2. 砂糖をまぶす（好みの分量）
3. 電気釜で1晩保温
4. 汁を切りトレイに並べる
5. 乾燥機で乾燥（50～60度　12～13時間）
6. 袋詰め

※単純に干すだけなら営業許可は不要だが、砂糖を加えると「菓子製造業」の許可が必要で、グループでも取っている

皮が薄く色もよくなる早生種で

まず農家からプルーンを仕入れるのですが、坂城町には生産農家が少なく、入手は大変です。

また、品種によって出来栄えが違います。特にジャムは早生種のほうが、とてもきれいな紫紺のジャムができます。小粒で皮が薄いので加工向きだと思います。早生種は値段が高いのですが、その品種（アーリーリバー）を使わないと、私たちの技術ではまだよい商品ができません。

砂糖をまぶして電気釜で1晩保温

乾燥機へ入れる前には必ず下処理をしなければなりません。まず半割りにしてタネを取り除きます。水分を抜くために砂糖をまぶして電気釜に入れ、「保温」で１晩置きます。砂糖の分量は果物の品種や熟度によって違いますので一概にどのくらいとはいえません。この作り方は農家の人に教わったのを私たちなりに改良したものです。

アンズもリンゴも、同じように砂糖を使います。使わないとカチカチに乾いてしまいますが、使うと水分が抜けて乾燥時間が短くてすみ、しかもしっとりと仕上がります。

50～60度で12～13時間

下処理の後、ザルに上げ、汁を切り、乾燥機に入れます。50～60度くらいで、12～13時間ほどで出来上がります。ただし、その日の気温、湿度、果物の状態により、設定温度と時間は一回一回違うので、目と手の感触で仕上がりを見極めます。

ドレッシング

希少な伝統野菜で作る ねずみ大根おろしドレッシング

長野県坂城町●味ロッジわくわくさかき

大根おろしドレッシングのパッケージ。300㎖容器

ねずみ大根

（冬は7.5～8kg、夏は約10kgで、300㎖ボトル100本の仕上がり）

熱殺菌

95～100度の熱湯で15秒（辛みは抜けない）

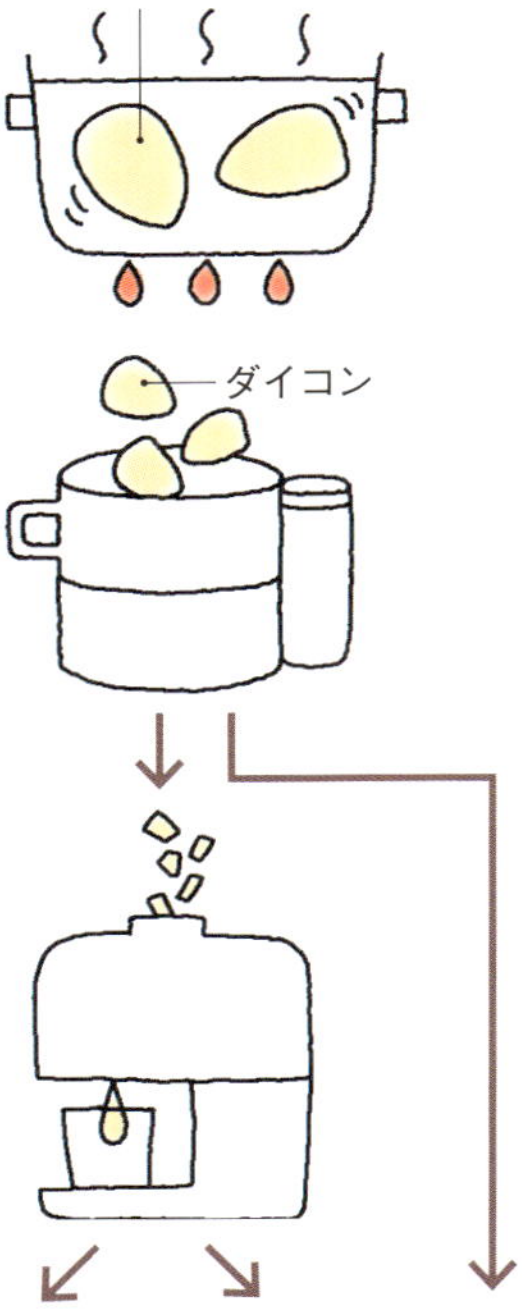

みじん切り

ダイコンをフードプロセッサーでみじん切り

搾汁

ジューサーにかけて搾汁

混合その1

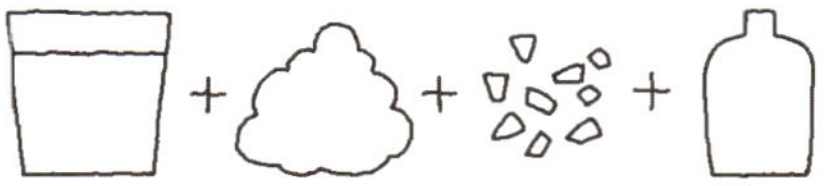

混合その2

さらにドレッシングベースと合わせる

プラスチック容器に詰め、ラベルを貼って完成

ドレッシングベース

熱殺菌

85度になるまで加熱し、60度まで下げる。煮立てないこと

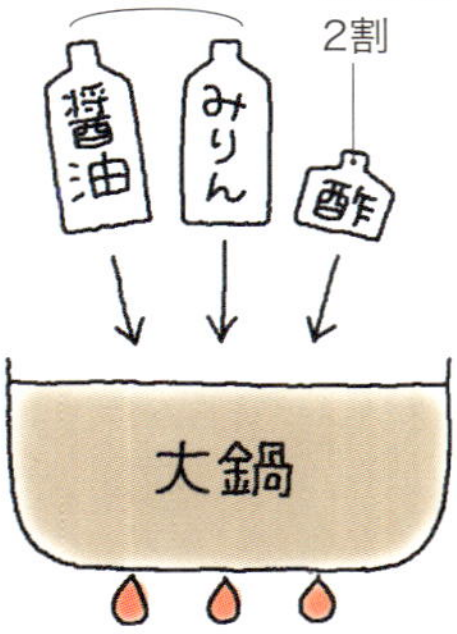

みじん切りにしたねずみ大根をジューサーで搾汁

坂城町特産の、ねずみ大根を使ったドレッシングです。ねずみ大根は水分が少なく、実がしまっており、デンプン質を多く含んでいるのが特徴です。

ドレッシングは、地元の言葉で「あまもっくらした味」と言われる独特の甘さとコクがあります。黒酢を使っているのでさわやかな酸味で、みじん切りにしたねずみ大根と、すりおろしたものがたっぷり入っていてボリューム感もあります。

ねずみ大根

ドレッシング

健康酢大豆を活用した カボス酢大豆ドレッシング

大分県竹田市●佐藤双美さん

黒大豆をカボスの酢に漬けた「健康酢大豆」を製造販売しています。これを作ったときに残る酢大豆の液がとてもきれいで、しかも酢大豆の栄養がたっぷりでもったいないので、ドレッシングにしてみました。

甘味ととろみを出すために、米こうじを使っています。オリーブオイルも使うので、とても体にいいドレッシングだと思います。先々は商品化しようかなと考えています。

まず「健康酢大豆」を作る

❶カボスの酢200cc、食酢（保存をよくするため）200cc、砂糖大さじ6、塩小さじ1 ½を合わせて、80度程度（沸騰しない程度）で煮立てる。
❷黒大豆200gを水洗いして水切りする。
❸フライパンを弱火にかけ、黒大豆をヒビが入り生臭さがなくなるまで煎る。
❹煮立てた調味液に黒大豆を合わせる。薄茶色だった調味液が濃い赤紫色になる（上写真）。酢大豆は2日目から食べられる。

カボス酢大豆ドレッシングを作る

❶酢大豆の液200cc、米こうじ30g、黒こしょう小さじ½、和辛子小さじ½、ニンニク3かけをミキサーにかけてよく混ぜる。

❷オリーブオイル200ccを入れてミキサーにかける。ピンク色のとろりとしたドレッシングになる。白大豆を使えば、クリーム色のドレッシングになる。

つぶつぶ食感が大人気

コーンドレッシング

山梨県中央市●道の駅とよとみ

当地は寒暖差が大きく、生で食べられるほど甘みたっぷりのスイートコーンができます。

中央市商工会会員の中華料理店「四川菜館」さんが、スイートコーンの規格外品を使ったドレッシングを作ってくれました。スイートコーンのつぶつぶとした食感が楽しめます。

コーンドレッシングの作り方

❶スイートコーンの皮をむいて茹でる。
❷冷蔵庫で少し冷やし、スイートコーンの実だけを包丁で削ぎ落とす。タマネギ、ニンニクを細かく切って加える。
❸そこへ水、ショウガ搾り汁、ヨーグルト、白ワイン、米酢を加えて軽く煮込む。
❹自然に冷やして完成。

１本（200㎖）650円

甘酸っぱくてピリリと辛い

ニンニクすりごまドレッシング

熊本県合志市●村上カツ子さん

作り方

❶ニンニク３かけをすりおろす。
❷一握りのゴマをすり鉢でする。
❸すり鉢に醤油カップ¼、酢カップ⅒、砂糖を半握り、①のすりおろしたニンニクを加えて混ぜる。
❹ゴマ油をサッと混ぜ合わせて完成。

生野菜にも肉にもぴったり

梅味噌ドレッシング

千葉県横芝光町●小川京子さん

材料

冷凍味噌1kg、冷凍青梅1kg、白砂糖750ｇ（分量はお好みで）

大きめのタッパーや梅酒用のビンに、冷凍梅、冷凍味噌、白砂糖を入れ、フタをしてそのまま2日ほど置く

↓

２日目から、しゃもじなどで梅をつぶさないようにかき混ぜる。５日目頃、砂糖が溶けてとろりとしたら酢味噌ができ、10日目頃にはサラッとしたドレッシングが出来上がる

↓

ザルなどでこして梅を取り除く

↓

ペットボトルに入れて冷凍保存する

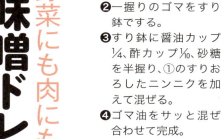

1年前に作ったユズコショウ。冷蔵庫で保存して、味が馴染むとこんな色になる。作り方や包装の仕方を工夫しているので、茶色くなることはない

タネなし、小玉品種の多田錦

パラッと使えてとっても便利
ユズコショウ

福岡県久留米市●古賀紀美子さん

古賀紀美子さんは、ユズコショウを作り続けて30年になる。古賀さんが作るのは、ネチッとしたタイプではなくサラサラとしたタイプ。辛さとさわやかな緑色にもこだわっている。

ユズコショウの作り方

材料
ユズの皮と青トウガラシは、ミキサーで2回分の量。

1 ユズの皮をむく
ユズの皮は時間を置くと変色してしまうので、むいたらすぐに使う。前日にトウガラシを収穫してヘタをとっておき、加工当日にユズを収穫する。

2 2ℓ入るミキサーにトウガラシとユズの皮を半々ずつ入れ、塩をおたまで1杯
塩は普通の食塩が一番。にがりやミネラル入りの塩を使ったこともあるが、ユズコショウの色がすぐに悪くなってしまった。

3 ミキサーにかける
フタは開けっぱなしで、ヘラで押し込むようにすると、水気がなくてもちゃんとミキサーはまわる。

4 これぐらいの状態になったらミキサーを止める
あまり細かくしすぎるとベターッとなってしまうので、少々粗いぐらいがちょうどよく、料理にも使いやすい。
できたては青臭く、トウガラシのにおいがきつすぎるので、1カ月以上冷蔵庫で寝かせてから販売。塩がなじんで味がまろやかになる。

5 パックに詰めて販売
変色を防ぐため、パックをアルミホイルで包む。袋の上にラベルを貼る。色は底から見えるようになっている。

漬物

野菜の色と形で魅せる ピクルス

千葉県我孫子市●高田幸雄さん

高田幸雄さんがピクルスに使う野菜は実に八〇種類ほど。定番のカリフラワーやパプリカはもちろん、レンコン、ゴボウ、長ネギ、タケノコ、黒豆など……なんでも。切り方や素材を組み合わせたものも合わせると、二〇〇種類のビン詰めピクルスができる。

ビン詰めだと野菜の形をおもしろく見せられる。以前、袋で売っていたときの一・五倍は売上が上がった。

作り方

❶熱殺菌したビンに切った野菜を詰め、ピクルス液を注いでふたを閉める。

❷ふたまで浸かる程度に水をはった鍋に①のビンを入れて加熱する。沸騰してから5分ほどたつと、ビンの中は95度ほどになる。これで漬け込みと殺菌が同時にできる。

❸熱いうちに、ゆるんだふたを閉め直せば完成。

※ピクルス液の割合

酢、水、砂糖、塩を５：５：２：１の割合で混ぜ、ローリエ、ディル、フェンネルシード、キャラウェイシード等のスパイスを加える。

ピクルスが好きなお客さんには、自分の好きなように漬けてもらうために、ピクルス液「ツクルス」(1袋400円)も販売している。

高田さんのピクルス(すべて１ビン600円)。左から、レモンとパプリカ、レンコンとゴボウ、ニンジンとタケノコ、黒豆、長ネギ、カリフラワーとパプリカ

撮影・黒澤義教

熱い調味液に漬けて長持ち ダイコン酢漬け

神奈川県南足柄市●露木憲子さん

露木さんのダイコン酢漬けの作り方

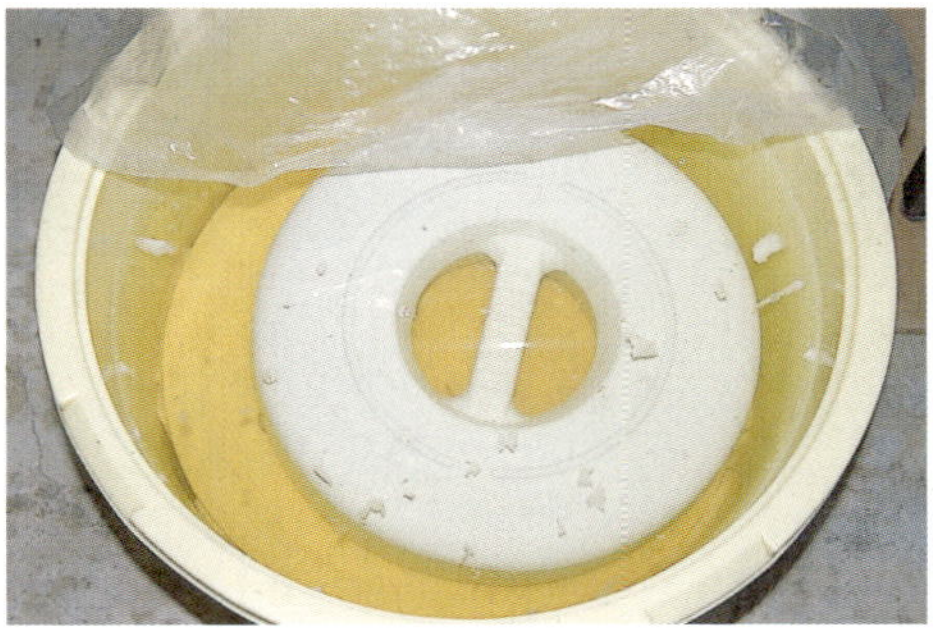

1 生のダイコンに砂糖と酢と塩を加えて重石をする。分量はダイコンが10kgなら、砂糖1.6kg、酢400cc、塩400g。重石はダイコンの1.5倍の15kg

2 ダイコンを取り出し、上がってきた調味液を鍋に移す

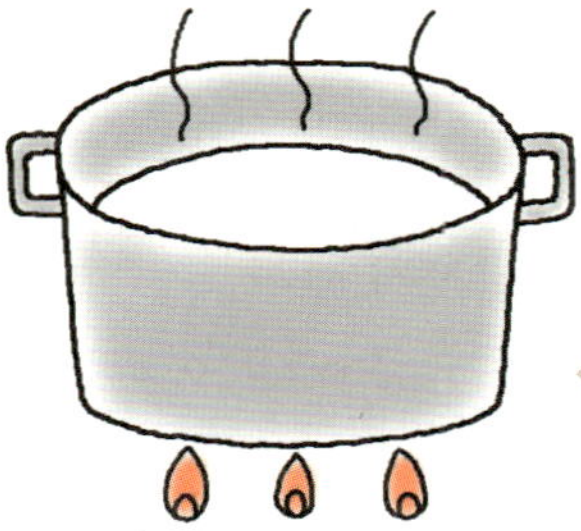

3 調味液を煮詰める

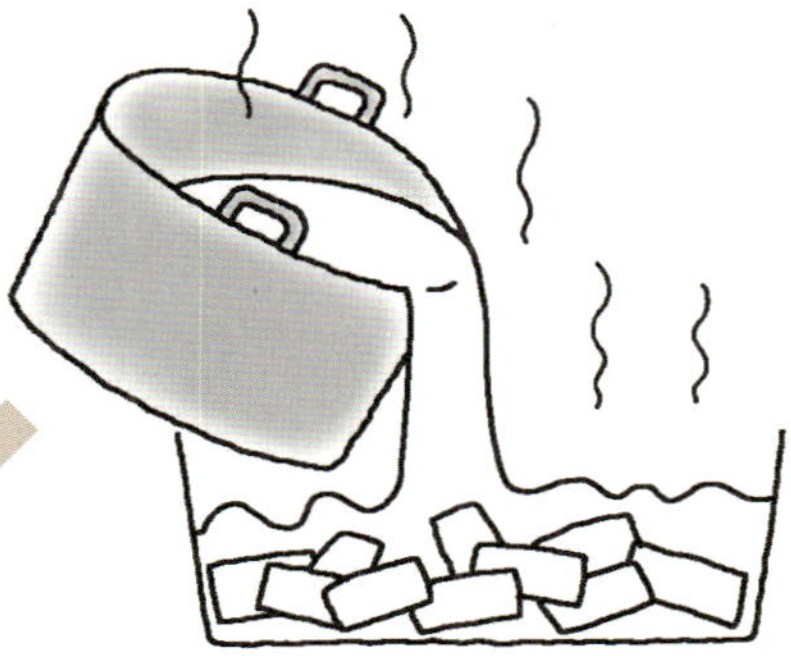

4 熱いままの調味液を再びダイコンと合わせる

5 軽めに重石をして漬け込む

（これを１日１回、４～５回くり返す）

※同じやり方で夏はナスとキュウリを漬けて４カ月長持ちさせ、ずらして販売している。

露木さんが作るダイコンの酢漬けは、賞味期限が長いと評判だ。

生か半日干したくらいのダイコンを塩漬けせずに、いきなり調味液に漬けて重石をする。上がってきた水（と調味液の混ざった汁）を煮詰め、その熱い液でまたダイコンを漬け込む。ダイコンを取り出して液を煮詰め、またダイコンを漬ける。この工程を四、五回くり返すのだ。熱を加えるたびに熱殺菌することになり賞味期限が長くなるという。

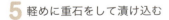

もち米を使った伝統の漬物

あっさり味のすしこ漬け

青森県つがる市●竹内きよゑさん

作り方

❶1㎝幅に切ったキャベツ中1個、輪切りにしたキュウリ5本に塩大さじ4をふり、ひと晩おく。

❷みじん切りにした赤ジソ150枚を塩1つかみでもむ。もんで黒い汁が出たら捨てる、を3回ほど繰り返す。赤い汁が出たらクエン酸大さじ1をふり、シソを搾って汁をとる（搾りカスは捨てない）。

❸もち米4合をかためにに炊く

❹ご飯に酢大さじ3、砂糖大さじ2、シソの搾り汁180㎖を混ぜて、色をつける。赤くなったご飯にキャベツ、キュウリ、シソの搾りカスを混ぜて、ひと晩おく。

伝統の漬物を、塩分控えめでやや甘みのある味にし、若い人でもサラダ感覚で食べられるようにアレンジしている

数種類のキャベツを使って

彩りキャベツのザワークラウト

栃木県那須町●成澤ひみ子さん

作り方

❶水200ccに、つぶした粒こしょう2粒、ちぎったローリエ2枚、キャラウェイシード小さじ½、輪切りにしたトウガラシ1本分、塩24gを混ぜて、調味液を作る。

❷水気を切ったキャベツ合計1kgを5㎜幅にざく切り。調味液を混ぜ、軽くもむ。

❸キャベツを3kgの重石で下漬け。半日～1日ほどで水が上がる。

❹本漬け。キャベツが空気に触れないようにラップで覆い、その上から1kgの重石を載せる。室温（約20度）で１週間ほどおいて完成。

ふつうザワークラウトは緑色のキャベツで作ることが多いですが、わが家では、紫色や葉がちりめん状のキャベツも混ぜて漬けます。見た目も食感もいろいろな表情があって、食卓に彩りを添えてくれます。酢漬けではなく発酵させるため、甘みもあります。

『現代農業』読者のつどいから

小池芳子さんに教わる 漬物をもっと売るコツ

⬆『現代農業』読者のつどい加工講座に集まったみなさん。新規就農者から農業法人までさまざまな顔ぶれ。最前列中央が小池芳子さん
⬅ダイコンのハリハリ漬け。干し大根にニンジンや昆布を入れて調味漬けしたもの

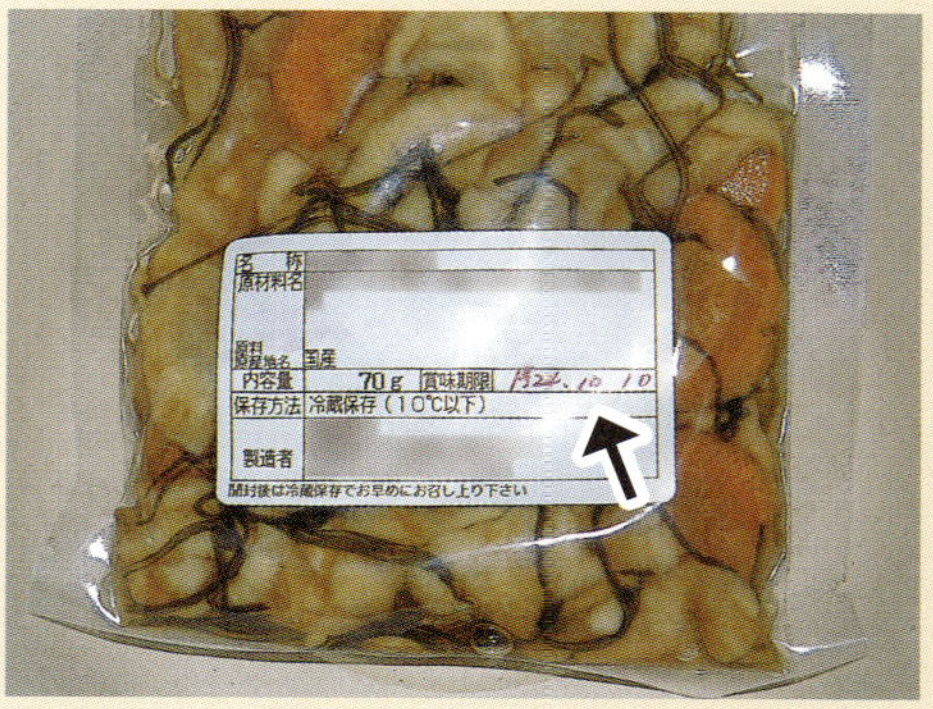

賞味期限は20日ほど。これではもったいない

長野県栂池高原の栂池センターでは、『現代農業』読者のつどい加工講座が毎年行われている。

参加者が特に楽しみにしているのが、持ち寄り加工品の品評会だ。自慢の加工品や試作品を持ち寄り、みんなで試食したり、講師の小池芳子さん（小池手造り農産加工所）にアドバイスをもらったりする。いろいろな意見をもらえる場であり、悩みをぶつける場でもある。

加工を始めて1年という女性は、「ダイコンのハリハリ漬け」と「ダイコンの味噌漬け」を持って参加。「家でとれた野菜で昔ながらの漬物を作ってみたんですが、日持ちがしなくて。賞味期限を長くする方法を勉強したくて参加しました」

賞味期限は一週間から一〇日、長くて二〇日に設定しているという。講師の小池さんのアドバイスはこうだ。

「袋詰めにするものは熱殺菌しておくと日持ちするようになります。火を入れると野菜が煮えてしまうのではないかと心配する人もいますが、最初の塩漬けと仕上げの酢を効かせておけば、火を入れてもやわらかくなりません。この漬物の調味液のpHはたぶん四くらいだと思うけど、酢を少し効かせて三・八くらいまで下げるとパリパリのままだし、六カ月の賞味期限で売れるようになりますよ」

一〇日や二〇日だった賞味期限が六カ月になるとは驚きだ。

さらに、ダイコンを刻んで漬けていた味噌漬けについて、小池さんは「刻まないほうがいい」とアドバイス。

「一本のままか、縦半分に切って売ったほうがいい。そのほうが、一級品の長いダイコンを漬物にしていることがわかるし、きれいに見える。姿で売ることも大事です」

質問した女性は、漬物の作り方から売り方まで教わり大満足の様子だった。

最後に小池さんが、浅漬けを長持ちさせる工夫を教えてくれた。

「複数の野菜を一緒に漬けるときにはビタミンCを一緒に入れてもむと、それぞれの野菜の色が移らずに、あくる日もきれいなままで売れます」

ビタミンCは薬局で粉末状のものが手に入る。一ビン買えば何年も使えるそうだ。

草もち

ふわふわ食感がたまらない！

大分県由布市●佐藤多喜さん

大分県由布市で民宿を営む佐藤多喜さんが作る草もちが評判だ。ヨモギのゆで汁を入れることで、まるで泡のようなふわふわの食感になるのだ。

色よし、香りよし、やわらかい、の三拍子揃った草もち。

ヨモギの下処理

1 ゆで方のポイントは、重曹を入れて約1分後、葉っぱがニュルッとしたら火を止めること。ゆでる時間が長いと、色が悪くなってしまう。

←左のヨモギとゆで汁が、一晩寒に当てたもの。右はゆでた直後

2 夜の間に水分が抜け落ちている。鍋にとっておいたゆで汁も同じ色。佐藤さんは、この状態にしてから冷凍保存している。

⬆手で触ってみて、ふわっとした弾力があるようなら完成。

もちつき

1 まず、水のかわりに緑色のゆで汁を機械に入れる。

2 次に、蒸したもち米を入れ、機械を動かしながら、もう1杯ゆで汁を加える。

3 ヨモギを投入するのは、完全にもちがつきあがってから。ヨモギに長い時間熱が加わると、色が悪くなってしまうから。

4 ヨモギを混ぜるために機械を動かして、やわらかさを見ながら、ゆで汁を足す。このときは、もち米5合に合計カップ4杯分のゆで汁を入れた。

ミカン、紫イモ、ヨモギの三色
豆もち

岡山県津山市●梅田由美子さん

もちは直売所の人気商品で、ライバルも多い。岡山県の梅田由美子さんは、鮮やかな色にこだわることで販売を伸ばしている。黒豆と米を別々に蒸すことで豆の色がもちに移らずきれいに仕上がるという。三色のもちは素材の色だ。

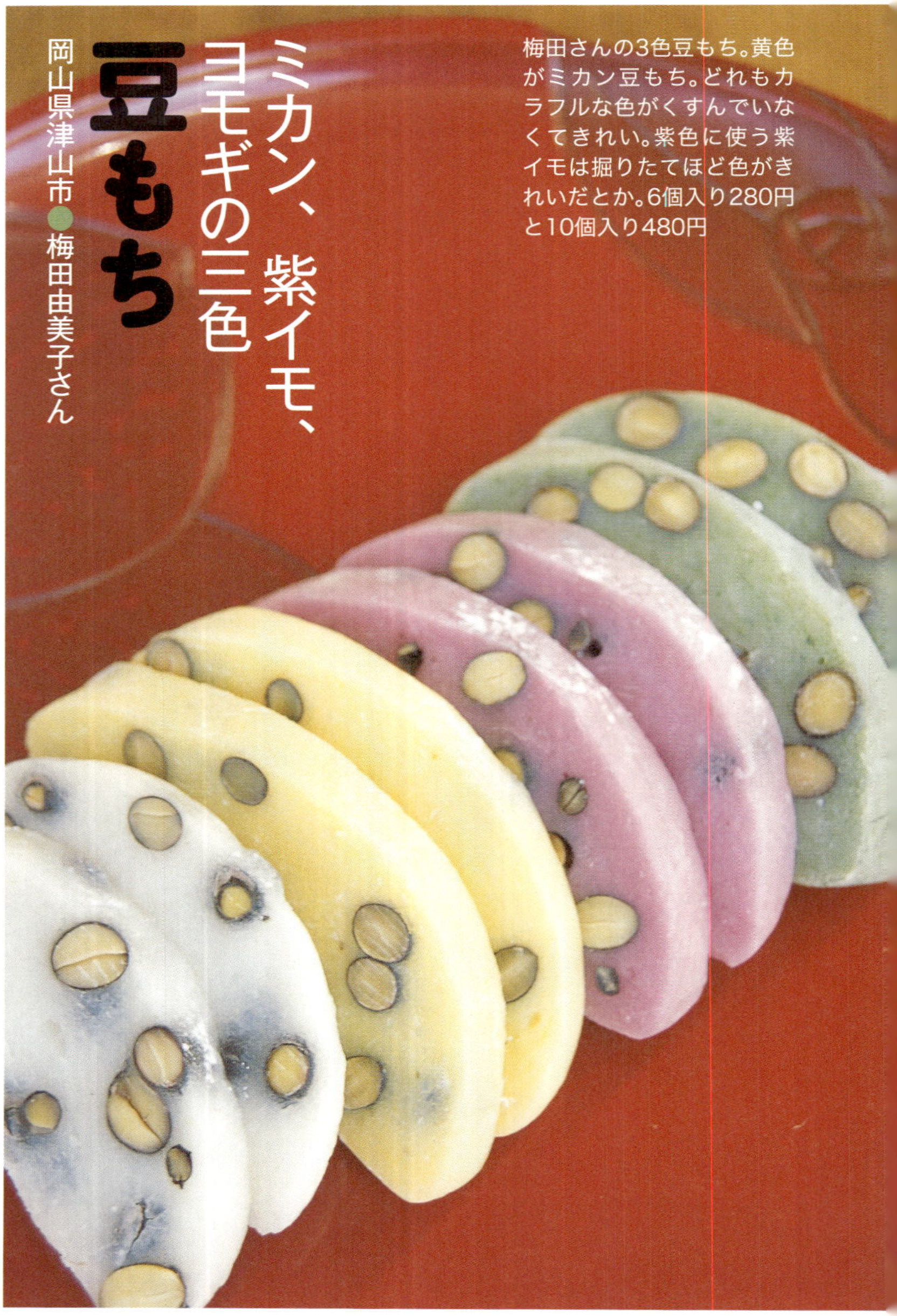

梅田さんの3色豆もち。黄色がミカン豆もち。どれもカラフルな色がくすんでいなくてきれい。紫色に使う紫イモは掘りたてほど色がきれいだとか。6個入り280円と10個入り480円

豆もちの作り方

❶もちをつく前日の夜に黒豆300gをさっと洗い、すぐに蒸す。蒸し時間は20 ～ 30分。青臭いにおいからおいしいにおいに変わったら蒸しあがり。
❷もち米１升(1.5kg)を一晩水につけておく。
❸翌日(出荷当日の朝)、もち米をもちつき機でつく。
❹つきあがる頃に塩20gを加える。
❺塩が混ざったら、蒸しておいた黒豆を加える。
❻もち全体に黒豆が混ざったら取り出す。

真っ白いもちと黒豆がきれいな豆もち。6個入り250円

ミカン豆もちの作り方

❶黒豆300gを蒸す(やり方は上記豆もちと同じ)。もち米１升を水につけておく。
❷ミカン１個(皮ごと50 ～ 70g)を横半分に切り、ヘタとタネを取り除き、もち米の上にのせて一緒に蒸す。
❸ もちつき機の底にカボチャ粉末30gを入れてから、蒸したもち米を入れてつく(もち米の上にカボチャ粉末を入れるとまわりに飛び散る)。
❹つき終わる頃に砂糖250g、塩17gを加える。
❺砂糖と塩が混ざったら、蒸しておいた黒豆を加える。
❻もち全体に黒豆が混ざったら取り出す。
※紫イモもちも、皮のついたままの生の紫イモを切ってもち米の上にのせて蒸す。ヨモギもちは、ゆでて冷凍しておいたヨモギを、もちがつき終わる頃に加える。

油で揚げず電子レンジで あられ

徳島県阿波市●坂東静江さん

徳島県阿波市の坂東静江さんは、冬に一年分のもちをつき、乾かして保存。その都度電子レンジにかけて、あられとして直売所で販売している。

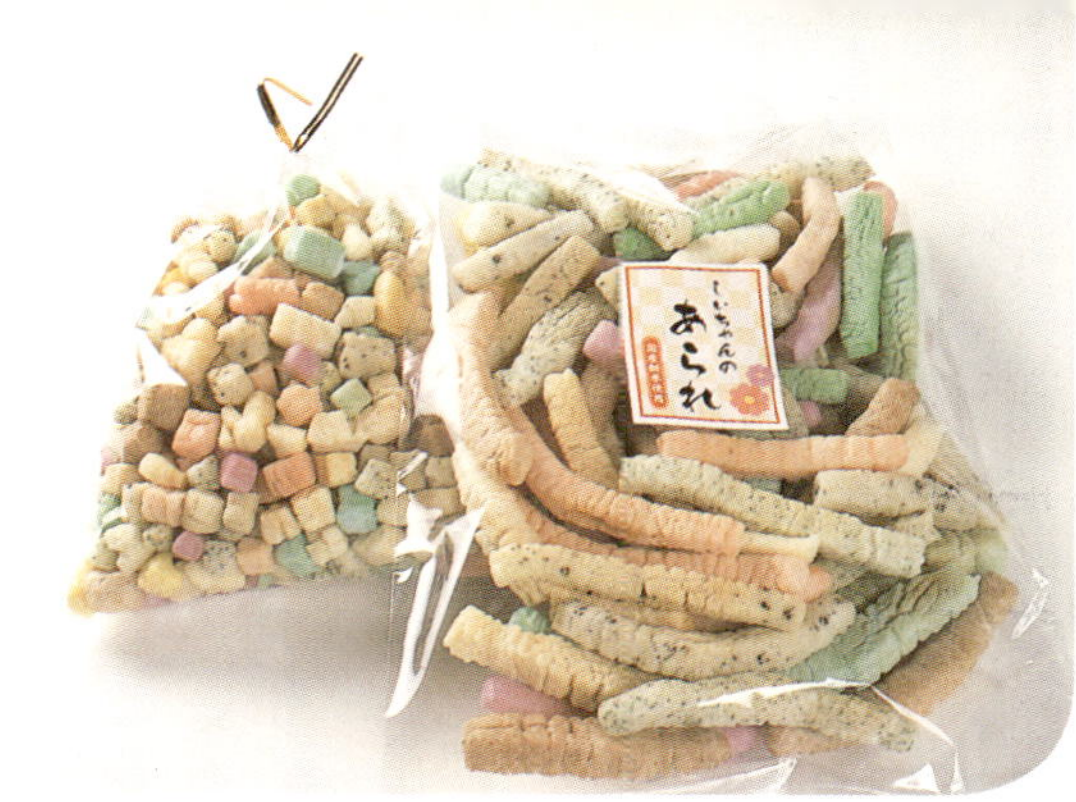

あられは１袋110g入り380円。粒あられは140g200円

電子レンジを使ったあられの作り方

材料　もち米、砂糖、重層、塩

作り方

◆干しもちを作る◆

❶もち米を洗って、水に3～4日浸す。

❷水をきり、もち米を蒸してもちつき機で10分ほどつく。

❸もちつき機をいったん止めて、砂糖と重層と塩を入れさらに10分ほどつく。

❹もちの厚さが4～5㎝になるように、もち箱に流し込む。

❺少し乾いてきたら小さく切り、風の入らない部屋で1カ月くらい干す。

1 電子レンジで１分半加熱する。載せすぎるとくっついて焦げるのでこのくらいが適当

2 こんなにふくらんだ。端のほうのふくらみが悪いものだけ、もう一度30秒加熱する

3 それでもふくらみの悪いものは端だけ切り、粒あられで売る

レンジ３台を使い、毎日10～12袋つくる。「売れ残らないし、賞味期限も1カ月と長いし、ほんと効率のいい加工品よ」。このほかにまんじゅうも売る

サトイモと卵と砂糖で
ふっくらかきもち

群馬県邑楽町●橋本恵美子さん

邑楽町「あいあいセンター」では、オーブンで焼くタイプのかきもちを作っています。干したもちがオーブンで焼くと2倍以上に大きくふくらんで、サクサクの食感になります。

材料

もち米……………………………… 3.8kg
砂糖………………………………… 250g
塩…………………………………… 90g
青のり……………………………… 100g
ゴマ………………………………… 100g
卵…………………………………… 1個
すりおろしたサトイモ…………… 50g

作り方

❶もち米をもちつき機でつき始めたら、乾燥した材料から順に加え、最後に卵、すりおろしたサトイモの順で加える。サトイモを入れるのが早すぎると、見た目は変わらないが石みたいにかたくなる。
❷つき終わったらすぐに取り出し、5等分してナマコ状に形を整える。
❸表面が乾燥しすぎないように新聞紙や布で覆いをして、室内に2～3日置く。
❹2～3日したら3～5㎜の厚さに切り、室内の日陰に1週間ほど置いて乾燥させる(途中で裏表を返す)。
❺乾燥が終わったら、湿気ないように缶などに入れて保存する。

「ふっくらかきもち」。乾燥させたもち(上)をオーブンで焼くと倍以上にふくらむ(下)

寒い日に自然の風で干す
サクサク干しもち

秋田県仙北市●藤井千恵子さん

材料

もち米…………………………… 1升
白砂糖…………………………… 300g
水………………………………… 3合
塩………………………………… 少々
紫イモ、ゴマ、紅ショウガ、コーヒー、ハゼの実、トウガラシなど ………… 少々

昔はどこの家庭でも保存食として作られていた干しもち（凍《し》みもち）。田んぼや山に出かけるときのおやつとして食べていたものですが、今では作る人も少なくなりました。サクサクした食感の干しもちを作るには、凍ったまま乾かすことです。

作り方

❶もち米を洗い、一晩水に浸す。水きりをして蒸す。
❷十分に蒸した米をもちつき機でつく。
❸つきあがったもちに分量の水、砂糖、塩、具材を入れ、よくかき混ぜる(ドロドロになる)。
❹型枠に2～3日入れて休ませておく。
❺包丁が立てられる程度になったら切って10個ずつひもで編む。
❻これを2～3時間水に浸してから、戸外の竿に一晩吊るして凍らせる。
❼凍った干しもちを雪の中のシートに包んで3～4日そのままおき、その後作業場の竿で1～2カ月乾燥させる。最後にストーブのある部屋で完全に乾燥させる。

※そのまま食べても、オーブンなどで焼いて食べても、揚げてもおいしくいただけます。

ショウガ粉末でピリリとうまい ショウガもち

奈良県曽爾村●吉田悦美さん

あまりにも多くとれたショウガが売れ残り、そのままでは冬が越せないと思い、近くの「阿騎野農産物加工組合」に頼んで粉末にすることにしました。ショウガ湯にして飲むと香りがよく、おいしい。人にあげたりもしていましたが、この粉を使って何か商品ができないか考えました。大寒に作るかきもちに使ってみたら好評だったので、生もちにも入れることにしました。ショウガだけだとピリピリと辛いので三温糖と塩も混ぜ、子どもにも食べられるようにしました。三温糖を入れるともちもかたくなりにくいようです。

食べるとまず甘味が広がり、かみ続けていくとショウガのピリピリが広がります。つきたてが一番おいしく、焼いてもいけます。杵と臼でついているのでたいへんですが、お客さんの「おいしい」の一言で、つらさも忘れます。

作り方

もち米1升5合に対して、ショウガ粉末60g、塩大さじ½、三温糖200gを加え、一緒に杵と臼でつく。

完成したショウガもち

ショウガ粉末を手作りする

群馬県伊勢崎市●福田益美さん

福田さんは、漢方薬剤師に教えてもらった方法でショウガ粉末を手作りしている。「生のショウガは一度に少ししか使わないでしょ。とっておいてもカビが生えるし」と、福田さん。粉末ならビンに入れておくだけで常温でも「一年は平気ですよ」とのこと。煮物の隠し味に最適なほか、湯で溶き、黒砂糖やハチミツを加えればショウガ湯の完成だ。

ミルにかける

皮はむかずに、ショウガを薄くスライスして、カラカラになるまで天日で干す。乾きが甘かったら電子レンジでチン

これぐらいの粗さの粉末になった

 撮影・小倉かよ

大槻彼呂子さんが作るおこわは、もち米を蒸す途中で一度水にさらす工程を加えているので、冷めてもかたくならず好評だ。前日からの浸水もいらず時間も短縮できる。おこわ名人の大槻さんに山菜おこわと梅おこわの作り方を教わった。

やわらかおいしい スピードおこわの基本

長野県塩尻市●大槻彼呂子さん

材料・道具と下準備（もち米1升分）

もち米1升●蒸し器●蒸し布●大きなボウル●大きなザル●しゃもじ
※蒸し器は大きめを使うと均一に蒸せる。1升つくるなら2升用を

ポイント
蒸しは、火力が強いほどうまくいきます。本当はかまどがベスト。

1 まずは15分蒸す

もち米をザルでよく洗う。蒸し布を敷き、下段に熱湯を入れた蒸し器に入れ、フタをして強火にかける。上ブタから湯気が勢いよく出てきてから強火のまま15分蒸す

2 いったんザルにあげて水洗い

もち米をザルにあげ、水をたっぷり入れた鍋のなかで洗って全体を冷ます。蒸し布も水洗いしてヌメリを取る

ここがスピードおこわの秘密！

ここから先は、おこわの種類によってコースが分かれます

味つけ山菜を利用した 山菜おこわ

3 山菜と米を混ぜる

下味を付けた山菜と、洗って水をしっかりきったもち米をよく混ぜ合わせる

材料

味つけ山菜…………………… 200g
塩……………………………………適量
酒……………………………………適量

市販の味つけは気に入らないので、大槻さんは汁を捨て、塩と酒で味を付けなおす。あとでゴマ塩をかけるので、ちょっとうすいかな？ と感じる程度の塩かげんがいい

ポイント

ぎゅっと詰めると、蒸気が中まで通らずかたい部分が残ります。わたしはお米を入れた後、割り箸で混ぜてふわっとさせます。

4 再び蒸し器へ

3を蒸し器に入れる。米粒の間に空気が入るように、米を少しずつふっくら入れる

5 約45分蒸して出来上がり

蒸気の上がった蒸し器にかけ、フタから勢いよく蒸気が上がってきたら約45分蒸して完成！

ポイント

●長時間蒸すので、蒸し器の下段に熱湯をたっぷり補充します。途中でお湯がなくなったらかた〜いおこわに！
●季節やもち米の種類などで蒸し時間は変わります。全体を取り出す前に少し味見してみて、かたかったらもう少し蒸してください。

梅のカリカリ砂糖漬けを使った

梅おこわ

梅おこわをやわらかく仕上げるには、蒸す途中で一度水にさらす（58ページ「スピードおこわの基本」参照）ことのほか、もう一つポイントがある。それは梅の漬け汁を加えるタイミング。蒸す前に漬け汁をかけてしまうと、いくら蒸してももち米はかたいままだ。

梅のカリカリ砂糖漬け

作り方

❶洗ってヘタをとり、水気を切った青梅を3～4日酢に漬ける❷半分に割ってタネをとる❸梅の2倍量の砂糖と、塩と酢でもんだたっぷりの赤ジソで3～4カ月漬ける。カリカリにするには豊後という品種がいい

材料

梅のカリカリ砂糖漬け（シソも）
……… 刻んだ状態で茶碗2杯くらい
砂糖漬けの汁…………… 2～3カップ

3 ふたたび蒸す

洗ったもち米を蒸し器にふっくらと入れ、強火にかける。フタから勢いよく蒸気が上がってきてから25～30分蒸す

ポイント

ここで梅の漬け汁をかけてしまうと、その後どんなに蒸してもかた～いまま。間違えないよう気をつけて！

4 梅の漬け汁を合わせる

味見して、食べられるほどやわらかくなっていたら、ボウルにあげる。梅の漬け汁をかけ、色が均一になるまで混ぜる。蒸し布は洗っておく

ポイント

梅とシソは、熱に長く当たると茶色に変色します。レンジで温めなおしても変色するので、冷めてもそのまま食べるのがおすすめです。

5 もう一度蒸し梅とシソを混ぜる

仕上げに5～7分蒸す（一粒ずつに色がしみてきれいになる）。ボウルにあげ軽く冷ましてから、刻んだ梅とシソを混ぜる

6 完成！

前日からの水浸けなしで、本格おこわのできあがり。冷めてもやわらかいから、おみやげにもぴったり

自慢の手作りごま塩

大槻さんのおこわに欠かせないのが、**手作りのごま塩**だ。塩気にむらが出ないように試行錯誤を重ね、たどりついたのが、塩水に浸したゴマをフライパンで炒る方法。ゴマ全体にまんべんなく塩がつくから、塩気がきつくなく、口に入れてかむとゴマの香りがふわーっと広がる。この特製ごま塩をかけたおこわは、どこを食べてもまろやかな塩味がする。おこわにはたっぷりごま塩をかけて食べてもらうのが大槻さん流だ。

黒豆煮、黒豆ういろう、黒豆おこわ。黒豆が大粒！

レストランの人気メニュー

黒豆煮と黒豆おこわ

滋賀県守山市●今西昌子さん

「JAおうみ富士ファーマーズ・マーケットおうみんち」のレストランで働いています。バイキングの目玉は黒豆煮です。黒豆煮を使った黒豆ぜんざいや黒豆おはぎも作っています。砂糖なしで煮た黒豆を入れた、黒豆おこわも人気メニューです。

黒豆煮

材料

黒豆……600g
砂糖……400g
濃口醤油……大さじ4
塩……小さじ2
重曹……小さじ2
水……1800cc

作り方

❶材料すべてを鍋に入れ、沸騰させてアクをとる。
❷8～10時間、ごく弱火でことこと煮込む。

黒豆ういろう

材料

小麦粉……800g
砂糖……400g
黒豆煮……ふた握り
黒豆の煮汁……850cc
水……1450cc

作り方

❶黒豆煮以外の材料をすべて混ぜる。
❷型に①を3分の2ほど入れ、6分蒸す。
❸②の上から黒豆煮を散らし、残り3分の1の①を流し込む。
❹③を15分蒸す。一晩置いて完成。
※商品にするときは、小麦粉の代わりに「水無月粉」という特殊な粉を使っている。

黒豆おこわ

材料

もち米……6合
黒豆煮（砂糖なし）……½カップ
黒豆の煮汁（砂糖なし）……50cc

作り方

❶砂糖抜きで黒豆煮をつくる（左記の黒豆煮と同じ手順）。
❷もち米を一晩水に浸す。
❸①の黒豆煮と煮汁、お好みの水加減でもち米を炊く。

黒豆の煮汁でゴボウ煮

材料

ゴボウ……10本
黒豆の煮汁……適量
醤油……少々
みりん……少々
酒……少々

作り方

❶ゴボウをよく洗い、長さ5㎝ほどに切る。
❷①を米のとぎ汁でやわらかくなるまでゆでる（米のとぎ汁を使うと、ゴボウのエグミがとれる）。
❸②のゴボウを洗って鍋に入れ、ひたひたになるように黒豆の煮汁を入れる。
❹醤油、みりん、酒も加え、15分くらい煮る。一晩置いて完成。

 撮影・小倉かよ

野の花で彩りよく

春の野草のちらし寿司

愛知県豊田市●西村文子さん

体験型農家レストラン「西村自然農園」の春の人気メニューが、春の野草のちらし寿司です。お客さんと一緒に、道端や庭先の野草を摘んでトッピングします。野の花の美しさと生命力をいただき、健康で幸せに暮らしてほしい。そんな思いで作っています。

トッピングした野草は、菜の花、カキドオシ、ハコベ、オオイヌノフグリ

材料

米…………………………………… 3合
合わせ酢(右下図)…… ½カップくらい
寿司の具
　ニンジン………………………… 50g
　コンニャク……………………… 50g
　シイタケ………………………… 2枚
寿司の具の煮汁
　醤油 ……………………… 大さじ1
　砂糖 ……………………… 大さじ1
　塩………………………… ひとつまみ
トッピング用の野草……………… 適量

作り方

❶米を炊き、合わせ酢を混ぜる。
❷ニンジン、コンニャク、シイタケを大きめのみじん切りにし、鍋に入れる。
❸シイタケの戻し汁をひたひたに入れ、醤油、砂糖、塩で薄味に煮る。
❹③を酢飯に混ぜ込み、大きめの器に盛り、春の野原のようにフワフワ、ハラハラと野の花を散らす。

合わせ酢

(大きめのビンに作りおきしておく)

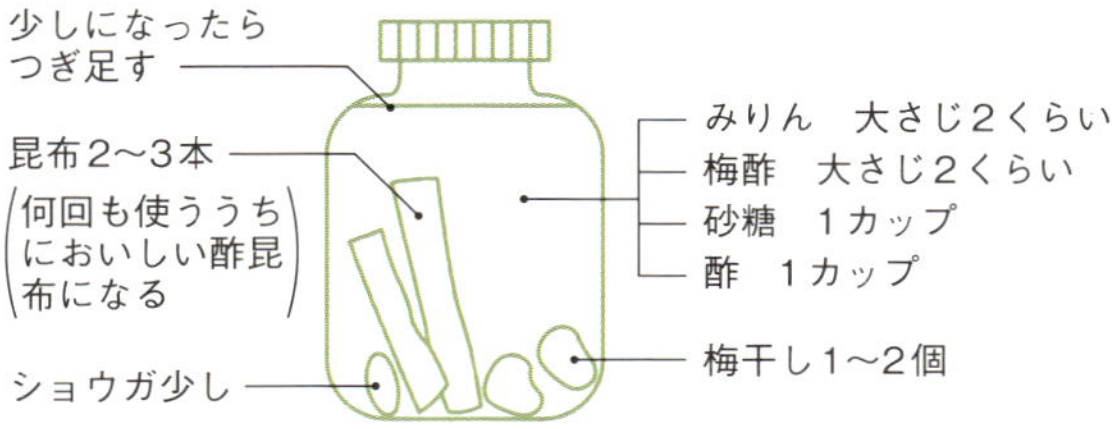

一時間でできる 黒豆ちらし寿司

兵庫県丹波市●小林みさ子さん

黒豆入りのごはんを炊いて、合わせ酢で味付けしたちらし寿司です。米と一緒に炊く前に、黒豆を電子レンジにかければ、あらかじめ水に漬けておく必要がないので調理時間も短縮。最後に合わせ酢を加えると、全体がみるみるピンク色に変わるのもとても楽しい一品です。

材料

米	3合
黒大豆	⅔カップ
酒	少々
合わせ酢（市販のらっきょう酢でもＯＫ）	½カップ

作り方

❶炊飯の30分前に米をといで、ザルに上げておく。
❷炊飯器に米と水720cc、酒少々を入れる。
❸黒大豆をサッと洗い、水分をふき取る。次に豆の表面にヒビが入るまで３分ほどレンジにかける。
❹炊飯器に黒大豆を加えて炊く。
❺ご飯が炊けたら、合わせ酢を混ぜる。
❻最後に、好みで細切りの薄焼き卵、紅ショウガを散らす。

アマランサス入り 雑穀入り甘酒

熊本県山鹿市●古田美生子さん

栄養豊富な甘酒に雑穀を加えて、さらに栄養価の高いものにしたらと考えました。アンデス原産のアマランサスには、白米の三二倍のカルシウムが含まれています。我が家で栽培にも成功。黒米、もちキビ、もち米を地元産で商品化。発酵学者の小泉武夫先生から高い評価をいただきました。

雑穀入りつぶつぶ甘酒。1本200g 150円

材料

■2升炊き炊飯器利用。できあがり8500g

米こうじ	1600g
もち米	4.5合
黒米	1.5合
もちキビ	大さじ2
アマランサス	大さじ2
塩	少々

作り方

❶もち米をよく洗う。黒米、もちキビ、アマランサスを加えてもう一度軽く洗う。30分くらい漬けおきしたあと、水を米の３倍くらい入れ、おかゆにする。
❷炊き上がったおかゆをしゃもじで混ぜ、そこに水を加えて冷まし、ほぐした米こうじを加える（水は炊飯器いっぱいにする。水を加えるとおよそ52度のおかゆになる）。フタが完全に閉まらないように、釜の上に割り箸を置いてフタをし、その上を布などで覆うようにして保温状態で15時間くらいおく。
❸出来上がった甘酒に塩を少々入れ、最後に飲みやすいようにミキサーにかけて完成。

木灰コンニャク

イモから作るこだわりの味

静岡県静岡市●杉山節子さん

できたコンニャクは2個入り440g300円。1kgのイモからおよそ20個のコンニャクができる

きめが細かい杉山節子さんの木灰コンニャク

イモから育ててつくったコンニャクは格別。

茶畑の減反を利用して、主人がコンニャクイモを栽培。収穫したイモで私がコンニャクを作っています。粉でなくイモから作ること、木灰で灰汁をとること、手で握って丸めることにこだわっています。緊張するのは灰汁入れです。効きすぎるとかたくなってくっつきにくくなり、効かないとドロドロになってしまいます。

灰汁の作り方

薪ストーブでできる灰を利用しています。薪の素材はコナラ、シデ、スギ、ヒノキなど。器の上にザルを置き、新聞紙二枚の上に木灰をのせて、上からゆっくり熱湯をかけます。すると、7～8分で茶色の灰汁がポタポタと落ちてきます。灰汁をなめてみてピリリと辛ければよし。辛いほどよい灰汁です。

撮影・田中康弘

木灰コンニャクの作り方

材料

コンニャクイモ 350g
水 1200 cc
灰汁 約 350 cc

灰汁を作る

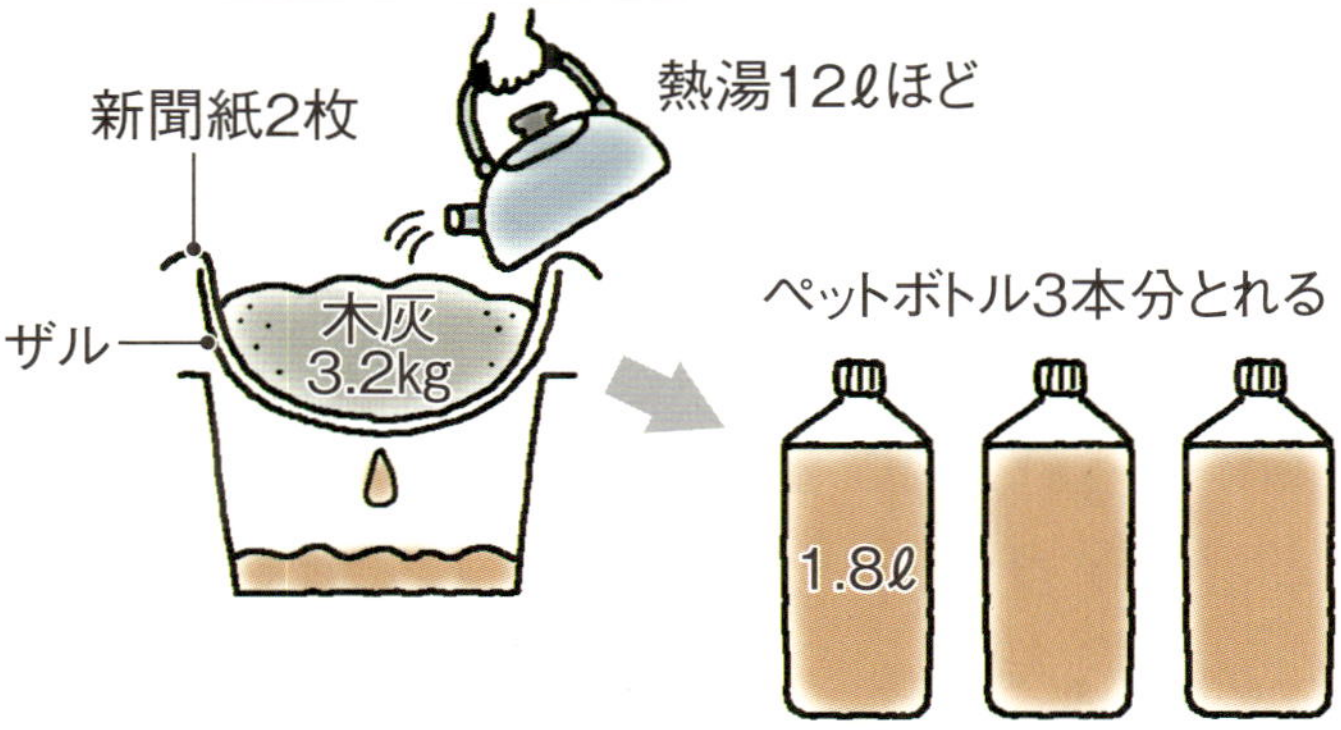
熱湯12ℓほど
新聞紙2枚
ザル
木灰
3.2kg
ペットボトル3本分とれる
1.8ℓ

コンニャクを作る

1.5㎝の厚さに輪切り
40分ほど煮る
皮をむく
ミキサーにかける
イモ350g
水1200cc
ボウルにあけて
冷蔵庫で一晩おく
翌朝よく練る
何回かに分けて
灰汁を入れてよく混ぜる
灰汁350cc
手で丸めて熱湯で30〜35分煮る

ホウレンソウシフォンケーキ

甘さ控えめで朝食にも向く

福岡県久留米市●尊田希枝さん

緑色が美しいホウレンソウのシフォンケーキ

私の実家はホウレンソウ農家です。春先に出荷できず大きくなってしまったホウレンソウを使って、シフォンケーキを作っています。

ホウレンソウは、葉の部分だけをゆがいてミキサーにかけてペーストにして使います。ペーストは冷凍しておきます。ゆがいてから冷凍するまでの作業を短時間で済ませると色がきれいに出て、とても鮮やかなグリーンになります。

材料（21㎝型）

ホウレンソウペースト……100～150g
（150gだと色がはっきりとする）
卵白……6個分
卵黄……6個
きび砂糖……130g
グレープシードオイル……80cc
牛乳……50cc
薄力粉……160g

ホウレンソウペースト。緑色の葉緑素は、酸素、熱、光に弱いので、変色を防ぐにはなるべく空気に触れさせない、高温にしない、光に当てないことが大事

作り方

❶卵白にきび砂糖80gを数回に分けて入れ、角が立つまで、きめ細かいメレンゲを作る。
❷卵黄ときび砂糖50gを混ぜる。
❸②にグレープシードオイルと牛乳、ホウレンソウペーストを加え、混ぜる。
❹③に薄力粉を混ぜる。
❺④にメレンゲをひとすくい加えてさっと混ぜてから、残りのメレンゲの半分を加えて混ぜる。
❻残ったメレンゲのほうに⑤を加え、色ムラがなくなりツヤが出るまで混ぜる。
❼型に流し入れ、大きい泡を消すために菜箸で4～5回グルグルとかき混ぜる。
❽170～180度（170度で予熱）のオーブンで40～50分焼く。
❾逆さまにして冷ますとできあがり。

1カット
250円で販売

スイーツ

コマツナの栄養がまるごと摂れる
コマツナ入り米粉のシフォンケーキ

愛知県大府市●稲葉きみ子さん

コマツナ

目に飛び込む鮮やかな若草色。切った面は時間がたつと褐変するので、ホールのまま売る。12㎝型で350円

材料（21㎝型）

コマツナ（根元をとった状態）……… 80g
卵黄…………………………………… 6個
牛乳………………………………… 100cc
サラダ油…………………………… 50cc
卵白………………………………… 6個分
米粉………………………………… 140g
白砂糖……………………………… 130g
ベーキングパウダー………………… 5g

作り方

❶オーブンを160度に予熱する。
❷コマツナは根をとり、水洗いし、水きりしておく。
❸ボウルに米粉と白砂糖、ベーキングパウダーを入れる（米粉はふるわなくていい）。
❹卵白をハンドミキサーで混ぜ、逆さにしても落ちないくらいまで泡立てる。
❺ミキサーにコマツナと卵黄、牛乳、サラダ油を入れ、1分間混ぜる。
❻③の中に⑤を入れ、粉気がなくなるまで混ぜる。
❼そこへ泡立てた卵白を半分入れ、泡をつぶさないようにゴムベラなどで混ぜてから、残りの卵白を入れて混ぜる。
❽型に入れ、10～20㎝の高さから2～3回落として空気を抜く。
❾オーブンに入れ、40分焼く。
❿焼き上がったら型を逆さまにして冷ます。

お友達がコマツナで作った蒸しパンを見せてくれました。思わず声を上げてしまうほど緑が鮮やかで、私は「これだ！」と思い商品化することに。ちょうど米粉のシフォンケーキを作っていたので、コマツナを混ぜてみると、とても鮮やかな色になりました。

コマツナはアクが少ないので、生で使えます。栽培もしやすいので一年中手に入ります。栄養価も高く、カルシウム、ビタミンA、鉄分、カリウム、食物繊維を多く含んでいます。とくにカルシウムは野菜の中でもトップクラスだとか。カルシウムが不足しがちな年配の方や女性、育ち盛りのお子さんに食べていただきたいです。

 撮影・赤松富仁

味噌と黒糖でコクが出る
味噌クルミシフォンケーキ
福井県越前町●寺坂律子さん

材料 17㎝型10台分を１台分に換算

米粉	72g
ベーキングパウダー	1.5g
卵黄	54g（3個分）
黒糖粉	31.5g
サラダ油	40cc
バニラオイル	0.2g
味噌	14g
卵白	144g（3～4個分）
上白糖	100g
クルミ	13.5g

作り方

❶黄卵、黒糖粉、サラダ油、バニラオイル、味噌を混ぜる。
❷卵白、上白糖を混ぜてよく泡立てる。
❸①と②を混ぜる。
❹米粉とベーキングパウダーをフルイにかけ、③に混ぜ込む。
❺型に流し込む。
❻クルミを１かけらずつ全体に均一に入れ込む。
❼160度に予熱したオーブンで30分ほど焼く。

手作りみそ工房で、味噌とともに味噌スイーツを作っています。味噌クルミシフォンケーキは隠し味に黒糖をきかせてありコクがあります。とくに甘党の若者に買ってもらい、味噌好き人口を増やしたいと思っています。

後ろの２つが「米粉クルミシフォン」。１カット200円、17㎝型ホール1400円（店頭価格）。手前は味噌どら焼き

こうじの力でやわらかさを保つ
塩こうじ食パン
神奈川県藤沢市●井上節子さん

天然酵母を使ってパンを作ると発酵に時間がかかるので、こうじの力を利用します。発酵が早すぎると、きめの粗いパンになるので気をつけます。

材料

強力粉（国産）	300g
卵	1個
砂糖	大さじ1
オリーブオイル	大さじ1
天然酵母ドライ	6g
塩	小さじ⅔
塩こうじ	小さじ⅓

作り方

❶天然酵母を38度のぬるま湯大さじ１に浸しておく。
❷全材料を一緒にボウルに入れ、よく混ぜ、ひとまとめになるまでよく練る。
❸きめ細かくなめらかになったら、練った材料をボウルに入れ、１次発酵させる。
❹生地が２倍くらいにふくらみ、中央に指をさし、あとが消えなければ１次発酵完了。
❺生地をボウルから出し、ガス抜きしてから形を整え、落ち着かせる。
❻食パンの型に油を塗り、生地を型に入れて２次発酵させる。
❼発酵したら霧吹きで湿らせ、180度のオーブンで22～24分焼く。オーブンから出し、型からはずし、冷まして出来上がり。

塩こうじを加えて作った食パンと菓子パン。自宅脇の直売所で販売。食パンは1斤350円

エダマメの味と香りを生かして

秘伝のババロア楽舎風

山形県河北町●今田みち子さん

「秘伝」というエダマメを使ったババロアが、私の経営する農家レストラン「楽舎《らくや》」の人気デザートです。秘伝はダダチャマメに負けない味と香りを誇ります。

秘伝エダマメを使ったババロア。うぐいす色が美しく、香り高い

材料

牛乳……5カップ
秘伝エダマメ（サヤ抜き）……380g
砂糖……140g
生クリーム……1カップ
粉ゼラチン……26g
豆の葉汁……100cc

作り方

❶½カップの水に粉ゼラチンをふり入れ、ふやかしておく。
❷エダマメは分量の牛乳とともにミキサーにかけ、クリーム状にする。
❸厚手の鍋に②のエダマメと砂糖120gを加え、混ぜながら煮立て、色持ちをよくするために豆の葉汁も加える。
❹③を火から下ろし、①のゼラチンを加えて湯煎にかけ、よく混ぜてから冷水で冷やす。
❺ボウルに生クリームと砂糖20gを入れて泡立て、固まりかけた④を加えてよく混ぜる。
❻型に流し入れ、冷蔵庫で1～2時間冷やし固める。
※牛乳の代わりに「秘伝」の豆乳を使うと、さらに香りがよい。

手搾りで苦味をとる

甘夏ピール

神奈川県南足柄市●露木憲子さん

甘夏のピール。雪が降ったようにグラニュー糖がのっていて、やわらかい。真ん中はイチジクの甘露煮天日干し

露木憲子さんの作る甘夏のピールは苦みが少なく色がよいと評判だ。露木さんの住むところはミカンの産地なので、ピールを作る人はほかにもいるが、露木さんは年々販売量を伸ばしている。

皮を一度ゆでこぼしたら、水にさらして手でギューッと押して苦味をとるのがポイント。天日で干したあと陰干しにすると、変色が防げるそうだ。

材料

甘夏または夏ミカンの皮……1kg
砂糖……500g
塩……大さじ2
まぶし用グラニュー糖……適量

作り方

❶甘夏の皮をむき、適当な大きさに切る。
❷鍋にたっぷりの水と、皮、塩を入れてゆでる。沸騰したら20～30分ゆっくりゆでて、ゆでこぼす。
❸皮をボウルに取り出し、水を入れて苦みを取る。水の中で皮を両手で押すようにする。好みの苦みまで何回か繰り返す。
❹鍋に皮と砂糖、水200～300ccを入れ、しゃもじでかき混ぜながら水分を飛ばす。
❺ザルに皮の内側を上にして並べて干す。半日は太陽の下で、あとは風通しのよい日陰で何日か干す。
❻ある程度乾いたら、一部にグラニュー糖を少しまぶし、そのまま一晩置く。翌日、皮にグラニュー糖が浸み込んでいなければ干し上がり。全体にグラニュー糖をまぶす。

品種の色を生かして

三色ジャガイモようかん

北海道網走市●鈴木能里子さん

できたてより時間がたったほうが色が濃くなる。写真は一晩たった状態

私たちの直売所「グリーンヒル905」には、二一種類のジャガイモが並びます。「こんなに品種があるなんて知らなかったわ」とお客さんに驚かれます。その品種の色を生かして、ようかんを作っています。デンプン質があるせいか、練る時間は小豆ようかんより短く、固まるのも早いです。サクッとした食感でイモの風味が際立ちます。「イモでこんなにきれいになるなんて」と喜ばれています。

材料（ジャガイモ一品種当たり）

ジャガイモ	1kg
粉寒天	6g
上白糖	450～500g
	（甘さ加減はお好みで）

作り方

❶ジャガイモの皮をむいてゆで、ザルでこしておく（600～700gになる）。
❷水150ccに粉寒天を入れ、中火にかけてドロドロになるまで煮溶かす。
❸その中に上白糖を入れてきれいに溶かす。
❹こしたジャガイモを加え、15分ほどよくかき混ぜる。
❺バットなどの容器に入れて冷まし、半日ほど待つと出来上がり。

ノーザンルビー

シャドークイーン

インカのめざめ

ジャガイモ写真提供：北海道農業研究センター

撮影・佐々木郁夫

米粉を使った いも団子

宮城県加美町●菅原啓子さん

スイーツ

宮城県の米どころ大崎地方で、お米を原料とした三新粉、上南粉、もち粉、道明寺粉などを製造しています。米粉の消費拡大のため、粉屋のおかみの米粉講習会も開催しています。

ここに紹介した、いも団子には団子粉を使っています。中にはキューブ状に切って砂糖を入れて煮たサツマイモが入っています。みたらしあんは、このレシピで作ると、失敗なくいつでもピカピカのだれないあんができます。

材料（7個分）

団子粉……………………………… 150g
水……… 120g（レンジの場合は150g）
サツマイモの甘煮（キューブ状）
……………………………………… 7個
■ピカピカみたらしあん
水…………………………………200cc
砂糖……………………………………50g
醤油……………………………………45g
片栗粉…………………………………20g
㊟団子粉はもち米6にうるち米4の割合で混ぜた米粉。もちの個数はイモの大きさによって変わる。

[みたらしあん]

作り方

❶鍋にみたらしあんの材料を全部入れ、泡立て器でよくかき混ぜる。
❷火にかけて、とろみが出てきたら、弱火で1～2分、焦げないようにしっかり練る。

[もっちりもち]

＊サツマイモはキューブ状にして砂糖を入れ煮ておく。くちなしを入れて煮ると黄色くなる。

レンジの場合

作り方

❶ボウルに団子粉と水を入れ、ゴムベラで混ぜてソフトクリーム状に。
❷レンジにかける（600W約5分、500W約6分）。真ん中が生粉だったら、かき混ぜてもう一度チン。もちの出来上がり。
❸もちを箸でかき混ぜる（納豆をかき混ぜる要領）。
❹水にもちを入れ、粗熱をとる。
❺イモをもちに包み、ぎゅっと指で絞ってもちを切る。
❻みたらしあんにからめて、出来上がり。

[もっちりもち]

蒸し器の場合

作り方

❶団子粉と水を混ぜ、耳たぶより少しかたいくらいの生地を作る。
❷湯気の上がった蒸し器に、いくつかに分けた生地を平らにして並べて蒸す。
❸10分くらい蒸す（中のほうに生粉の状態のところがないように）。
❹ボウルに水をはり、蒸し布ごと入れて、布からはがし、粗熱をとる。手でこねるか、麺棒などでトントンつくとコシがでる。
＊以降の⑤⑥は上と同じ。

イモをもっちりもちに包み、ぎゅっと指で絞ってもちを切る

麦芽の力で もち米があめに

麦あめ

島根県邑南町●荒田和明さん

産直市「みずほ」に、一セット三〇〇円で手作り麦あめセットを出しています。「だれでも簡単に作れるシリーズ。麦芽を使った本格的なアメを作ろう。昔懐かしい自然の味」が宣伝文句です。中間農産加工品をお客さんが完成品に仕上げることで、生産する喜びを共有でき、生産者とお客さんが近づくことができればと思っています。

私はさまざまなものを手作りしています。小麦や大豆、サツマイモを使った手作りセットを作っていきたいと思っています。

準備するもの

材料

■手作り麦あめセット
麦芽…100g
もち米…300 ～ 400g（2合）

器具

炊飯器か鍋
こし布
しゃもじ

あめができるしくみ

もち米のデンプンが麦芽の糖化酵素（アミラーゼ）で分解されて甘くなる。これを煮詰めるとあめに。もち米をサツマイモに替えるとイモあめが出来る

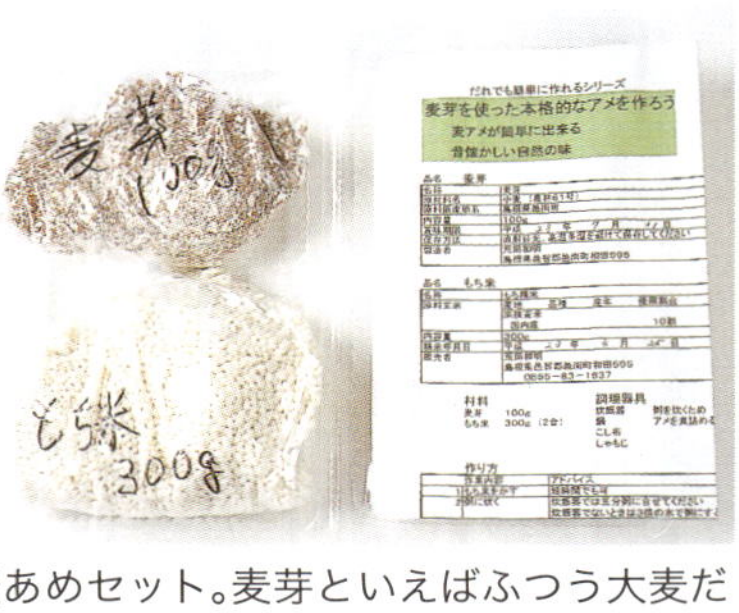

麦あめセット。麦芽といえばふつう大麦だが、畑で栽培していた小麦を利用した

麦あめを作る

1 もち米を水につける

よく水を吸わせる。短時間でもよい。

2 お粥にする

炊飯器では五分粥に合わせ、鍋では３倍の水でやわらかく炊く。

3 冷ます

60度以下にする（高温だと糖化酵素が働かなくなる）。

4 麦芽と混ぜる

お粥がかたくて混ざりにくいときがあるが、そのまま２時間くらいおくと混ぜやすくなる。

撮影・小倉かよ

やってみよう 麦芽づくり

宮崎県小林市●吉村ヨシ子さん

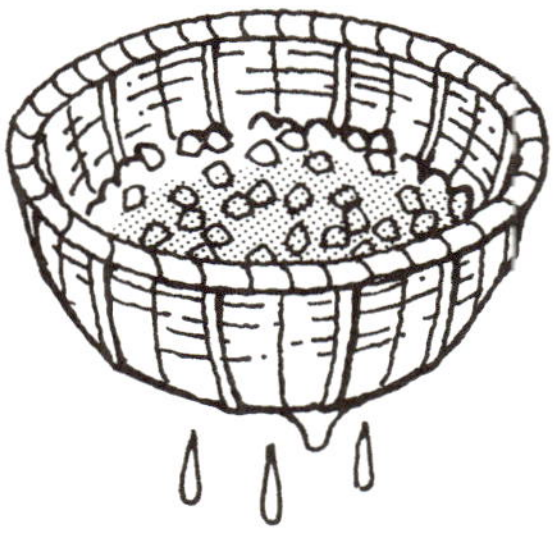

❶小麦を水につける。春秋は２～３日、夏は１～２日、冬なら３～４日ほど

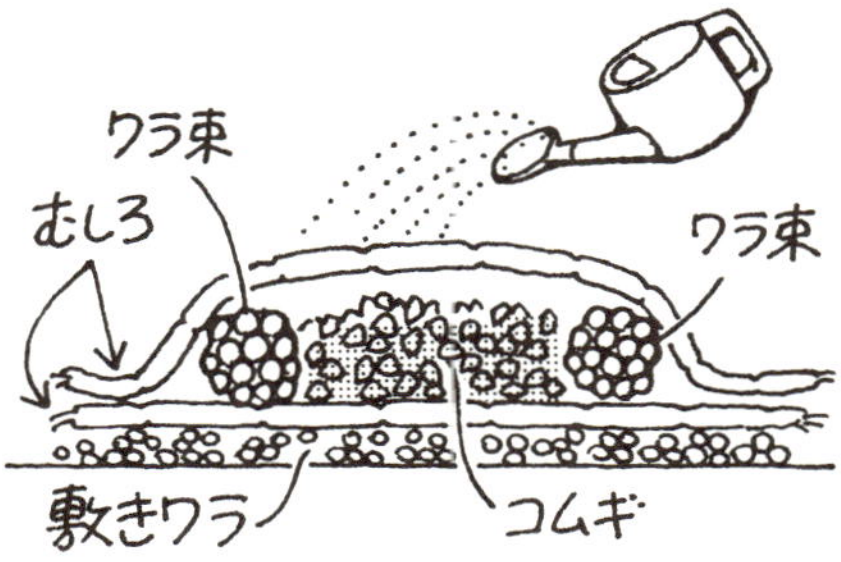

❷①をザルにあけて水を切り、15cmぐらいの厚さにして、図のようにワラ束やむしろで覆い、15～20度の温度で１日保つ。朝、昼、夕とむしろが湿るぐらいの水をかけて、よくかき混ぜる。２～３日で幼根が出始める

❸５～８日して麦芽が1cmぐらい出たら（２～３日後、先に幼根が出るので間違えないように）、今度は２～３日かけてカラカラに日干しする

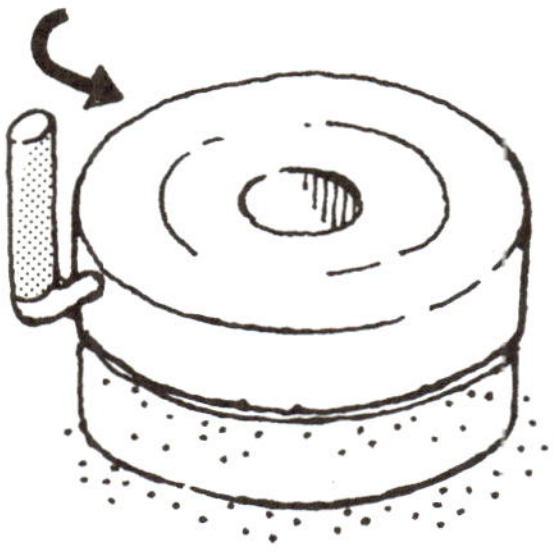

❹かき回したりふるいにかけて幼根を取り除き、石臼やミキサーで挽いて、出来上がり

5 お粥の状態を見る

半日ほどおくと、お米がとろとろに溶ける（糖化）。夏は室温でよいが、冬は毛布などで少し保温する（40度以下だと糖化に時間がかかる）。

6 布でこす

さらしの布などで麦の皮などの固形物を取り除く。

7 こした液を煮詰める

最初は中火で残りのデンプンを糖化させる。あとはただひたすら煮詰める。

8 完成

粘りが出たら完成。冷えるとかたくなるのでゆるいぐらいがちょうどいい。約200ccのあめが出来る。まろやかな甘味。

ジュース

畑の野菜をジュースでどうぞ

うちは〃健康飲み屋〃兼直売所

大分県玖珠町●小田道子さん

搾りたての青汁と小田道子さん。生で飲むからケールは無農薬。虫が増える夏は、防虫ネットをかけて対応

小田道子さんは、個人直売所でジュースを販売している。平成七年から始めたというからベテランだ。

カウンターでニッコリ

小田さんの店は大分自動車道の高塚インターの前にある。土産物店や飲食店が立ち並ぶ中のこぢんまりとした店だ。店内に入ると、小田さんがカウンターの向こうでニッコリ。壁には手書きのメニューが貼られていて、まるで飲み屋のようだ。

「うちはお客さんに健康になって帰ってもらう、ノンアルコールの飲み屋ですから」

そう語る小田さんは、夫の頼彦さんと夏秋トマトやシイタケを栽培する農家だ。毎日午前十時から午後二時頃の間だけ店に立つ（日曜は午後四時頃まで）。お客さんは、インターの近くにある高塚愛宕地蔵尊への参拝客が多く、常連客がほとんどだという。

自家産野菜を搾る

お店で搾るジュースの材料は、リンゴとレモン以外はすべて小田さんの畑でとれたもの。ニンジンとケールは一年中とれる。標高五〇〇mのところに畑があり、真夏でも育つという。

■お店の三大人気ジュース■

①黒豆スーパードリンク

人気ナンバーワンの小田さんの自信作。黒豆ブームのせいかとくに女性に人気がある。

②ニンジンミックスジュース

掘りたてのニンジンをまるごと使い、飲みやすくするためにリンゴとレモンを加えている。

③緑黄色野菜ジュース

ケール、ニンジン、リンゴ、レモンに、そのときとれたパセリやコマツナを加えた野菜不足解消ジュース。男性に人気がある。

小田さんの店には、このほかにもオリジナルジュースが目白押し。「おいしいとまた来てくれる。それがグー」と小田さんは笑う。

黒豆スーパードリンクの作り方

材料（できあがりコップ一杯分）

煮た黒豆カップ1/5（70gほど）、黒豆の煮汁カップ1、乾煎りしてすりつぶした黒ゴマ大さじ1、黒砂糖20g

作り方

❶材料をすべて1人分のカップに詰めて冷凍しておく。

❷飲みたいときに電子レンジで解凍してミキサーにかける。

＊写真は冷凍した状態

サラッと飲める
ヤーコンジュース

サクサクとした食感の
食べるジュース

ヤーコンジュース

千葉県鴨川市●佐生眞理さん

材料（大きなマグカップ1杯分）

ヤーコン…………………………… 150g
のむヨーグルト…………………… 200cc

数年前、便秘に悩んでいたときに、健康雑誌でヤーコンのことを知りました。毎日手軽に続けようと、ジュースにして飲んでいます。搾りカスがもったいないのでうちではミキサーで作りますが、この分量だとミキサーでもサラッと飲めます。

作り方

❶ヤーコンは皮をむいて小さく切る。
❷ヤーコンと、のむヨーグルトをミキサーにかける。

クセのない味でゴクゴク飲める

ナガイモジュース

北海道帯広市●常田 馨さん

クセがまったくないので、いわれなければナガイモとはわからない

材料（4人分）

ナガイモ…………………………… 300g
牛乳………………………………… 400cc
砂糖……………………………… 大さじ4
氷……………………………………… 適宜

作り方

❶ナガイモは皮をむき、適当な大きさに切る。
❷材料を入れて、ミキサーにかけたら出来上がり。
＊お好みで、砂糖の量を調節したり、ジャムやレモン汁を入れたりしてもよい。

「ナカイモをジュースに？！」と驚かれるかもしれませんが、クセがないナガイモは、どんな調理法にも合うという特徴があり、このジュースもおすすめです。実はこれは台湾生まれのレシピ。台湾ではナガイモは漢方薬に位置づけられて、親しまれているそうです。

炊飯器で作る

梅ジュース

埼玉県越生町●小澤章三さん

以前、『現代農業』で宮城県の女性の梅ジュースの作り方を読んで、自分でも実践し、友人にもすすめています。作り方は、炊飯器に梅を入れ、その上に氷砂糖をのせて保温スイッチを入れるだけ。簡単で失敗もありません。保温十時間でもできますが、二十四時間だとさらにおいしくできます。二十四時間保温するために、我が家では炊飯器をもう一台購入しました。

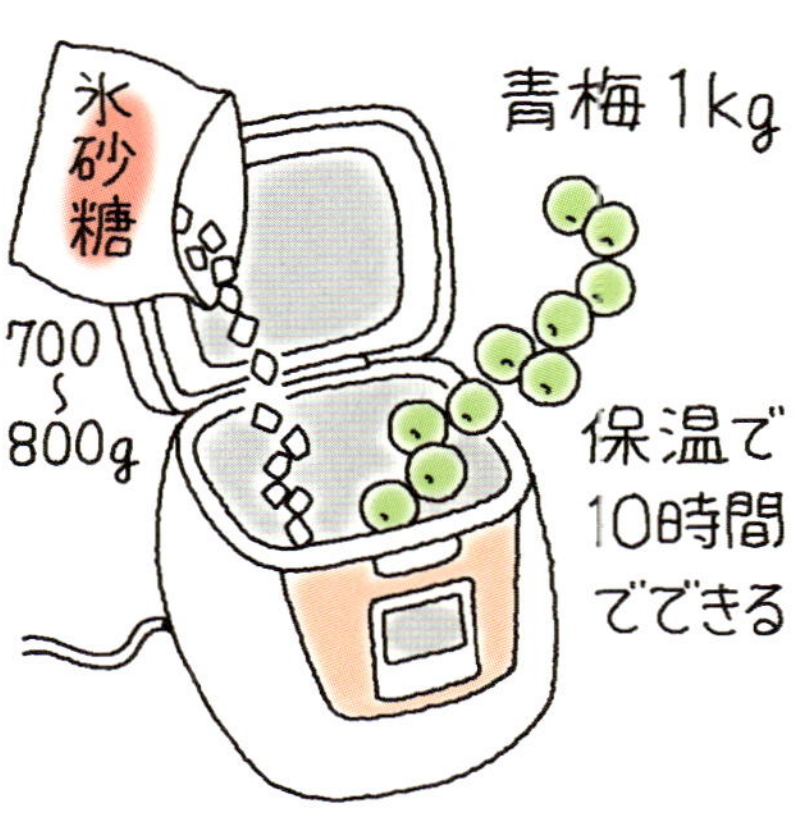

 撮影・小倉かよ

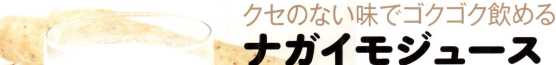

ナス色・リンゴ味
ナスジャム

山口県周南市●外山マツエさん

ナスでジャムが作れることは、地元の高校生の料理発表会で知りました。熊毛農産物加工グループで試行錯誤を繰り返して納得のいくナスジャムを完成させました。ナスの皮で色を出し、レモン汁で酸味を加えています。

材料

ナス……………………………………… 1kg
砂糖…………………………………… 500g
レモン汁……………………………… 230cc

作り方

❶ナスはヘタを取り、皮をむく。皮はとっておく。実は薄く小さく刻む。
❷皮を水100ccでゆで、紫の色が出たらザルにあげる。この皮のゆで汁で色を出すので、皮をよく搾る。色汁に砂糖5gとレモン汁50ccを加える。
❸刻んだナスの実に残りの砂糖の半量を加えて混ぜ、30分ほどおく。
❹③を鍋に移し、残りの砂糖と色汁を加えて煮詰める。最後に残りのレモン汁を加える。
❺コップに水を入れてナスジャムを1滴落としてみる。ジャムが水面にパーッと広がるようならもう少し煮詰める。ジャムがコップの底にとどまればできあがり（仕上がりの糖度は50～55度）。

ジャムの仕上がりの目安

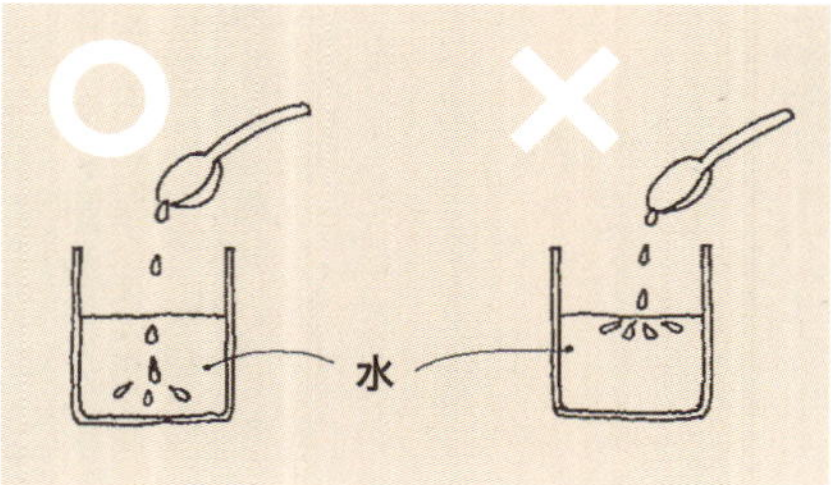

底までかたまって落下すれば煮詰め終了

１滴落とすと、上層の水の中ですぐ散ってしまうものは煮詰め不足

ナスジャムの
商品パッケージ。
1本（100g）350円

残りの砂糖と色汁を加えて煮詰める。最後に残りのレモン汁180ccを加える（作り方④）

皮をゆでて、紫の色が出たら、ザルにあげる（作り方②）

薄く小さく刻んだナスの実に、残りの砂糖（495g）の半分を加えてよく混ぜ、30分ほどおく。ナスから水分が出て、砂糖や色汁が浸み込みやすくなる（作り方③）

梅ジャムから作る 簡単のし梅

山形県白鷹町●紺野佳代子さん

暑い夏、冷蔵庫で冷やしたのし梅を一～二切れ食べると、疲れがとれるように感じます。のし梅の元となる梅ジャムは、香りをよくするため、黄色く熟した梅を使います。梅ジャムを作って冷凍しておけば、手軽にのし梅が作れるのでおすすめです。

のし梅を作るとき大事なことは、煮溶かした寒天が冷めてから梅ジャムを入れること。寒天は酸に弱く、酸と一緒に加熱すると固まらないことがあるからです。

材料

梅ジャム	350g
砂糖	500g
水	300cc
粉寒天	4g×2（棒寒天なら2本分）

作り方

■ 梅ジャム

❶黄色く熟した梅をきれいに洗い、たっぷりの水に半日つけてアクを抜く。

❷竹串で花梗をとり、水分をふき、レンジでやわらかくする。

❸裏ごしした梅（タネをとるだけでもよい）と、その半量の砂糖（※材料外）で、とろっとするまで煮詰める。

■ のし梅

❶水に粉寒天を入れ、よく混ぜ、火にかける。

❷煮立ったら弱火にして、砂糖を何回かに分けて入れながら煮詰め、糸が引くくらいまでにする（10～15分）。

❸火を止めて一息（1分くらい）冷ましてから梅ジャムを加え、型に流して出来上がり。

意外な素材で作るジャムが人気

野生の酸味が魅力

イタドリジャム

岐阜県飛騨市●塚本東亜子さん

酸味のある野草でジャムを作ろうと考え、飛騨でイッタンダラケと呼ばれるイタドリを使うことにしました。イタドリはスカンポという名でも親しまれています。

五月から六月にかけて新芽が伸びるので、野山に入って採ってきます。自然の恵みをいただいて作るので、量産はできませんが、野性味のあるおいしいジャムになります。

材料

イタドリ……………………………… 適宜
砂糖………………… イタドリの量の40%
ブランデー
………イタドリ2kgに対して大さじ2杯

作り方

❶30㎝くらいまでの長さの、太いイタドリを採る
❷ひとつひとつ節をはずしてから皮をむく（長いままだと皮がむきにくい）
❸包丁でこまかく刻む
❹砂糖をまぶして一晩おく
❺鍋に入れて、ブランデーを加え、とろ火で２時間くらい煮込む（ブランデーを加えることで口当たりがよくなる）
❻ビンを煮沸殺菌後、ビンが冷めないうちに熱いジャムを詰める。フタをしめ、熱湯につけて殺菌する。

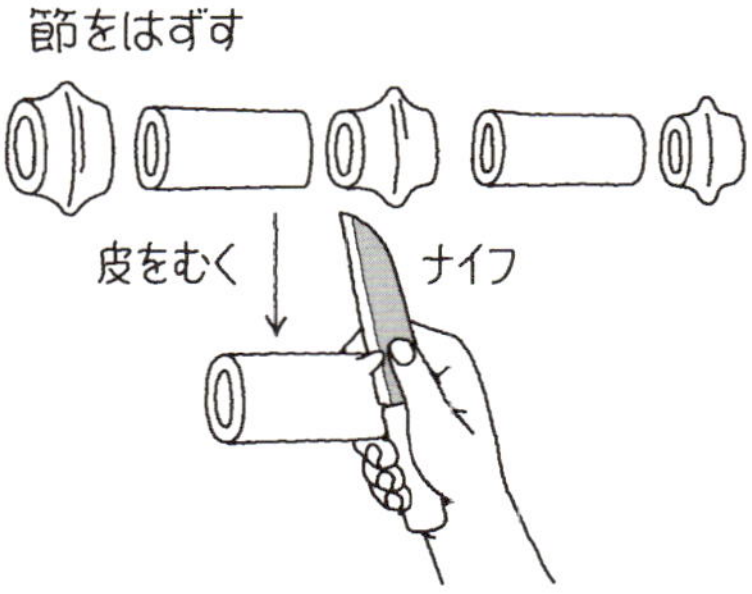

イタドリジャム。都内「フェルミエ」では140g入り900円

収穫適期のイタドリ。節が５～６段で、長さ30㎝くらいまでのものだと、やわらかい

ミキサーでなめらかに

青トマトジャム

長野県上松町●澤木三千代さん

作り方

❶青トマト１kgを洗ってヘタや傷などを取り除く。
❷１㎝角くらいに切り、砂糖200gを加えて火にかける。泡がブツブツ立ってきたら弱火にし、トマトがやわらかくなるまで15～20分煮込む。煮崩れてトロッとしたら火をとめる。
❸粗熱がとれたらミキサーにかける（こうすると皮もタネも気にならなくなる）。
❹レモン汁小さじ２杯を加え、好みの固さになるまで煮込む。

秋口に出回る、赤らみ損ねた青トマト

撮影・赤松富仁

リンゴも使ってクセのない味に

紫ニンジンジャム

山形県鶴岡市●佐藤忠喜さん

作り方

❶ニンジン1.5kgを切ってゆでる。
❷リンゴ750gを皮をむいて切り、ビタミンC4.5gを入れた水375ccに浸す。
❸リンゴをビタミンCの水ごとミキサーに入れてつぶす。
❹ミキサーにニンジンも加え、とろとろになるまでつぶす。
❺鍋に移し、水あめ150g、クエン酸4.5g、ペクチン16g、グラニュー糖157gを加え、沸騰させてから５～６分煮詰める。水分が飛んで、全体の重さが2.25kgくらい（ニンジンとリンゴの重さ）になれば完成。

１パック120g380円。空気を追い出してフタができるのでカビが生えにくい

ナシの甘味を引き立てる辛み

ショウガ入りナシジャム

滋賀県守山市●今西昌子さん

作り方

ナシ２個（正味180g）、笠原ショウガのすりおろし9g、砂糖60g、レモン汁3cc（シーズンに搾って冷凍保存したもの）を20分ほど煮込む。糖度は48度。

「おいしくてしょうが梨ジャム」。180g400円。賞味期限は３カ月

ゼラチンで
渋戻りさせない

渋柿ジャム

愛知県常滑市●間宮正光さん

材料

カキ	1kg（果肉900gと皮100g）
グラニュー糖	400g
水あめ	135g
レモン汁	7cc
ゼラチン	7g
ペクチン	6g
ナツメグ	0.3g

市田柿の渋柿ジャム

作り方

❶ゼラチンは水でふやかしておく。
❷カキは皮をむき、果肉をザク切りにする。
❸②の果肉と皮を鍋で15分蒸し、裏ごしする。
❹③とグラニュー糖200gを鍋に入れ、加熱する。
❺糖度48度のときに、ペクチン、グラニュー糖200g、レモン汁、水あめを加え、むらなく混ぜる。
❻①のゼラチンとナツメグを加え、さらに混ぜ合わせ、クチナシなどで好みの色に着色する。
❼糖度50度になったら、ビンに150g詰める。ふたを閉め、30分蒸して殺菌し、50～60度のお湯に入れてから水道水を流して冷やす（すぐに冷やすとビンが割れることがある）。

惣菜・燻製

スライスしないで漬けるのがコツ
紅ショウガ

神奈川県南足柄市●露木憲子さん

露木憲子さんはショウガを丸のまま漬けて、そのまま販売している。スライスしてから漬けると、辛みなどのショウガの味がどんどん抜けてしまうからだという。

梅酢のきれいな色をとどめるために、白梅酢に漬けて保存し、直売所に出す分だけを赤梅酢に漬けなおす工夫もしている。

紅ショウガ（1袋100g200円）。丸ごと売るのが味を落とさないコツ。袋にショウガと赤梅酢を入れて売るが、赤梅酢は白梅酢で薄めると透明感のあるきれいな色になる。ショウガはやわらかいうちに収穫しないと辛さが増し、スジっぽくなるので、遅くとも秋の彼岸までにとるようにしている

1 水洗いする

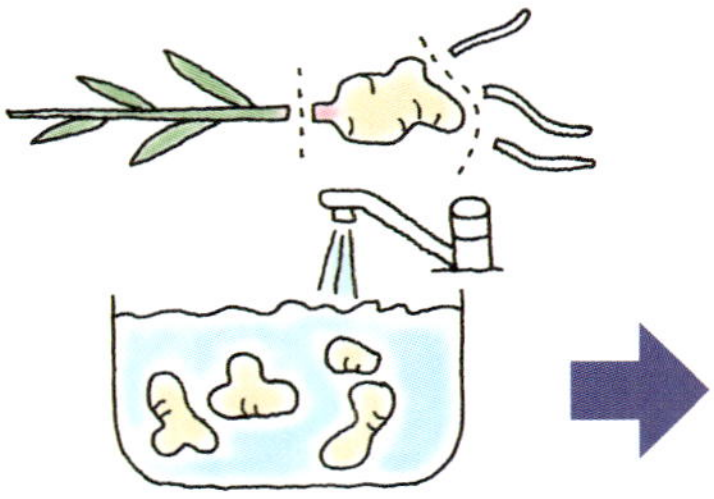

葉とヒゲ根を切ってから洗い、陰干しして水気を取る

2 スライスしない

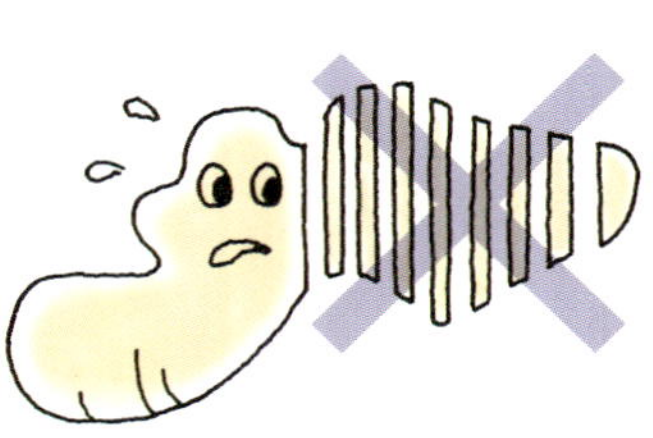

スライスすると辛みなどの味が抜けてしまうので、丸のまま漬ける

3 塩漬けする

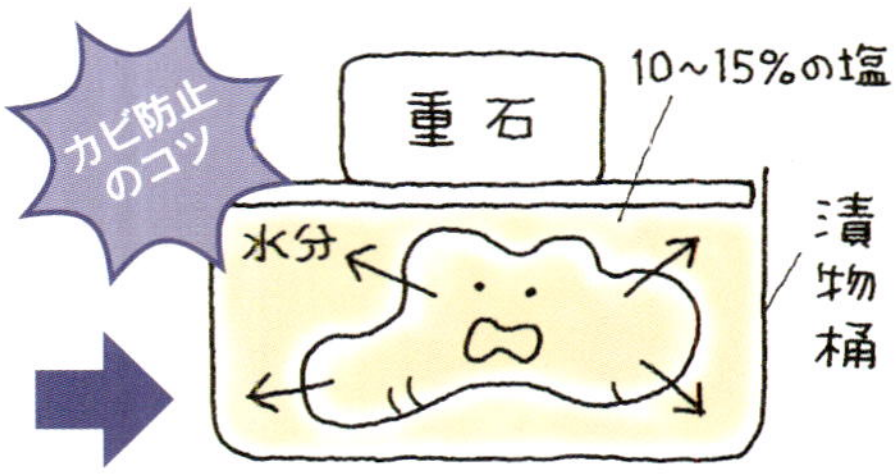

塩をふり、重石をして1週間おいて水分を抜く。塩漬けしないと梅酢が薄まってカビが発生する

4 白梅酢に漬ける

ショウガが隠れるくらい白梅酢を注ぐ。梅酢がフタの上に出るくらいに重石をする。この状態で保存する

5 赤梅酢に漬ける

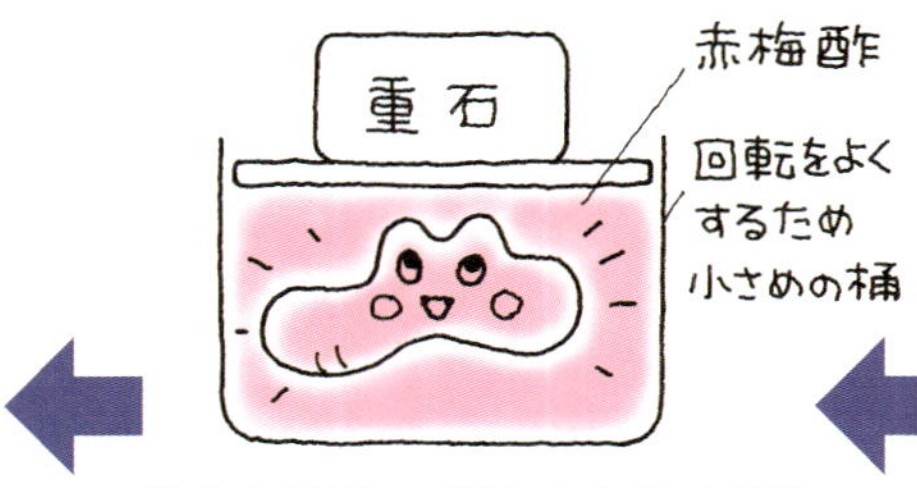

約1カ月後、一部を小ぶりの漬物桶に移し、赤梅酢に漬ける。1カ月後、取り出して売る。以後、桶のショウガが半分ほどに減ったら、白梅酢のショウガを移す

6 包装・殺菌する

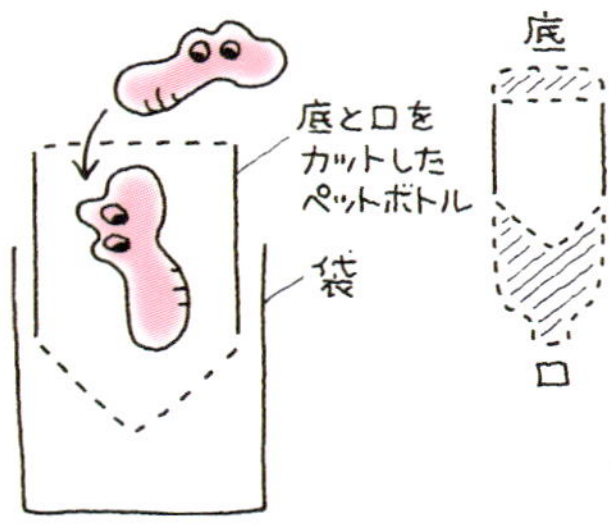

袋の口が汚れないようペットボトルを袋に挿し、紅ショウガを入れる。新しい赤梅酢を加え、シーラーで口をとめ、60度のお湯で殺菌する（シーラーは132ページ）

外はカリッと、中はフワッと 大学イモ

神奈川県南足柄市●露木憲子さん

紅ショウガだけでなく、年間を通してさまざまな加工品を直売所に出している露木さんは、家で使う味噌もこうじから作るし、だしは毎朝カツオ節でとる。「毎日食べたり飲んだりするものは身体にいいものがいいんじゃない？」と露木さん。

近所に住むお孫さんは、そんなおばあちゃんの味が大好きだという。

大学イモも販売しているが、その作り方にも工夫が光る。

「本に書いてあるレシピで作ると、一、二時間たつとおイモにタレがしみ込んで、煮たイモみたいになっちゃうし、テリがなくなるの。すぐ食べるならいいけれど、直売所で売るとなると……」

そこで露木さんは、イモのまわりに膜を作ればいいのかなと考えた。ゼリーなどに使われるアガーを使うとなめらかに仕上がるが、値段が高い。そこで露木さんが使っているのは寒天だ。

工夫のかいがあり、いつまでもおいしそうに光る大学イモが完成。イモ＝安いものという印象を取り払うことができ、一パック（二〇〇g）二〇〇円でよく売れる。

「自分で考えたレシピがお客さんに喜んでもらえるとうれしいの。以前、私のヨモギもちを食べたというお客さんが、この間四年ぶりに買いに来てくれたの。この味をずっと探していたって。涙が出るほどうれしかった。こういうお客さんがいるなら、細く長く続けていこうと思っています」

そう笑顔で語ってくれた。

1 皮付きのまま乱切りする

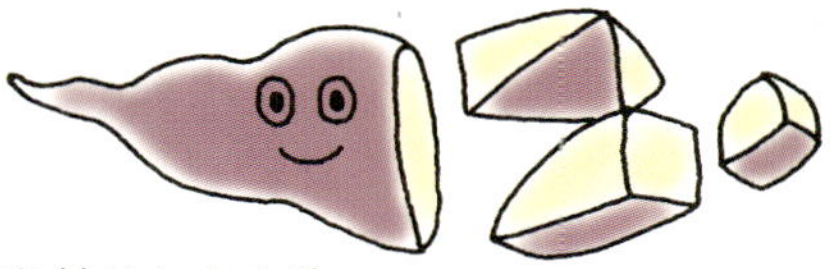

皮を付けたまま乱切りし、水にさらしてアクを抜く

2 油で揚げる

水を切り、油で揚げ、バットにあける。天ぷら鍋を使う場合は、中に火が通るまでゆっくり揚げたあと、再び温度を上げて揚げるとカリッとし、色もよくなる

3 タレをつくる

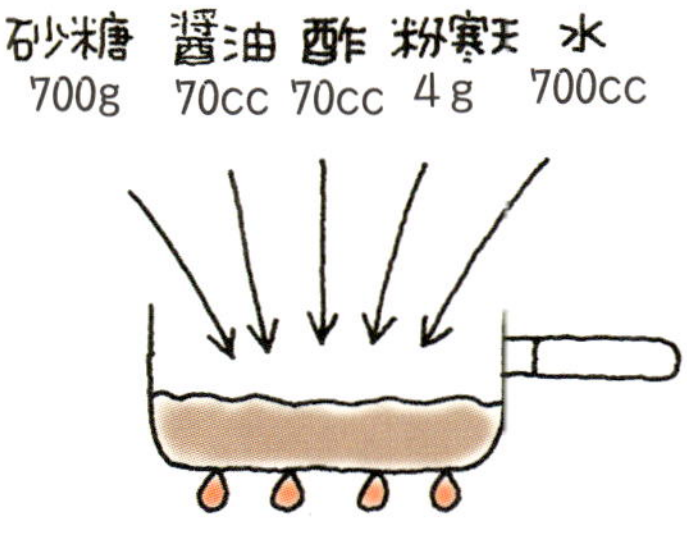

砂糖、醤油、酢、粉寒天、水を入れ、10～15分煮詰める。一晩おくと固まってしまうが、裏ごしすれば元に戻る

4 タレにからめる

バットにタレをかけてイモにからめる。冷めたらトレイに詰めてラップで全体をくるむ

大学イモ。
1パック(200g)
200円で販売

ホルモンとコンニャクだけのシンプルなホルモン煮込み

自家産ニンニクがアクセント

ホルモン煮込み

熊本県合志市●村上カツ子さん

私が一年中欠かさず、直売所に出しているのがホルモン煮込みです。ホルモンは集落の養豚農家から仕入れ、自家産ニンニクでアクセントを付けています。

きっかけはJAの植木市。そこに婦人部として地元の伝承料理だご汁の店を出しました。寒い時期ですからアルコールも出すようになり、つまみとしてホルモン煮込みを作ったのです。今ではこれが私の定番商品となりました。

直売所に出すときの荷姿。手前が300円、奥が550円

材料

ホルモン……………………………… 3kg
コンニャク………………………… 1.5kg
味噌………………………………… 650g
砂糖……………………………… 大さじ1
一味トウガラシ………………… 小さじ½
醤油……………………………… 大さじ1
すりおろしニンニク…………… 大さじ1
ゴマ油………………………… 大さじ1½

作り方

❶ホルモンを水からゆでる（沸騰してから1時間）。
❷ザルに上げ、お湯で洗って水をきる。
❸コンニャクを適当な大きさにスプーンで切り、ゆがいておく。
❹鍋にゴマ油とニンニクを入れ、ニンニクがきつね色になるまで炒める。
❺その中にホルモンとコンニャクを加え、水をひたひたになるくらい入れる。味噌、砂糖、一味トウガラシ、醤油を加え、強火で30分煮たらできあがり。
＊売る場合は、冷ましてから冷蔵庫へ一晩入れておき、翌朝もう一度沸騰させてから冷まし、容器に盛り付けて出荷する。

古くなった味噌が新商品に

千葉県我孫子市●野口忠司さん

個人で直売所を開いており、地元千葉産の大豆と米こうじで作った田舎風手作り味噌を並べています。最低でも十カ月以上熟成したものを出していますので、風味はよく評判も上々です。

熟成度合がちょうどよくなった時点で低温保管ができればいいのでしょうが、設備がないため、新味噌が出るころになると、古いものは熟成がさらに進んで黒っぽくなってしまい、新味噌と並べるとあまり売れません。

古い味噌をなんとか売る方法はないものかと考えて、ラッカセイ味噌、エゴマ味噌、クルミ味噌を作ることにしました。新商品に生まれ変わらせることができて満足しています。

ラッカセイ味噌

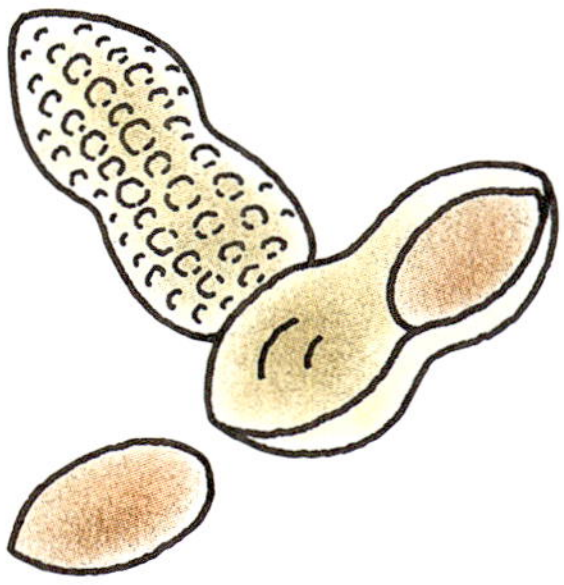

材料 170g入り8ビン程度

ラッカセイ(生)……………………… 1kg
味噌………………… 150g（おたま1杯）
上白糖……………………………………
100g（おたま1杯）＋適量(200g弱)

作り方

❶皮をむいた生のラッカセイを弱火でじっくりと炒る。焦がさぬように、薄皮がむけないように気をつける。冬場の石油ストーブなどでもよいが、1時間ほどかかる。自動の炒り機があれば効率的。
❷別の鍋で、味噌と上白糖をおたまに1杯ずつ混ぜ、煮溶かしてペースト状にする。砂糖が溶ければよい。
❸①を火から下ろして、②を加えて冷めないうちに手早く混ぜる。
❹粗熱をとる。冷めすぎると固まるので、やや熱め(30度くらい)のうちに上白糖をさらに加えてざっくりと混ぜる。一気に加えず、少しずつ加えて、冷めるまで何度か繰り返す。白い砂糖の粒が若干残る程度にする。

※一回に作る量は少なめがよい。あまり多いと冷ますのに時間がかかり、何回もかき混ぜないといけないので、ラッカセイの皮がむけて見た目が悪くなる。
※②のペーストを増やすと出来上がりが「こってり」としたものになる。ただ、④で使用する砂糖も増えるうえに冷めにくくなるので、加減が難しい。

エゴマ味噌。コンニャクと一緒に試食に出すと喜ばれる

エゴマ味噌

材料 150g入り31ビン程度

エゴマ………………………………… 300g
ゴマ…………………………………… 125g
味噌…………………………………… 2.5kg
みりん………………………………250cc
砂糖…………………………………… 800g
水……………………………………… 1.2ℓ

作り方

❶ゴマとエゴマは別々に炒っておき、香りを引き出す。
❷ゴマはすり鉢で粗めにする。
❸エゴマは少量ペパーミルで挽き、残りはミキサーで砕く(②と③は冷めないうちに行なう)。
❹すべての材料を鍋に入れ、照りが出る程度まで煮詰める。
❺熱いうちにビン詰めし、滅菌。

※さらに香りをよくするために、ナツメグや黒コショウを入れてもよい。

惣菜・燻製

野菜ごとイノシシ肉をミンチにするおかげで、やさしい味わいのヘルシーバーガーだ（調理・撮影 小倉かよ）

国際サーキット場に集まる若者向けに販売
イノシシバーガー

大分県日田市●宇都宮靖子さん

私たちは、「食彩工房・森林木《もりのき》」という手作りパンとお菓子を作る主婦のグループです。グループを立ち上げて間もないころ、行政から、イノシシ肉のハンバーグを作ってはどうかと依頼を受けました。

日田市においても、田畑を荒らすイノシシの被害は年々ひどくなっています。イノシシの肉を加工品として流通させることで、有害鳥獣の捕獲を進めようという計画です。

手作りパンも活用して、イノシシバーガーを開発。地元の国際サーキット場「オートポリス」に集まる若者向けに販売しています。野菜とイノシシ肉を一緒にミンチにするのでヘルシーな味わいです。

材料 70gハンバーグ17個分

イノシシ肉ロース	500g
ゴボウ	250g
ショウガ	50g
パン粉	150g
卵	3個
片栗粉	大さじ3
タマネギ	330g
塩コショウ	大さじ2½
おから	50g
ゴマ油	少々

作り方

❶タマネギはみじん切りにしてよく炒めておく。
❷イノシシ肉は薄くスライス、ゴボウはささがき、ショウガは薄切りにしておく。
❸大鍋にたっぷりの水を入れ、イノシシ肉を入れて沸騰させ、ゴボウ、ショウガを入れて1時間、アクをすくいながらゆでる。
❹粗熱を取って汁を切り、フードプロセッサーで粗みじんにする。
❺これをボウルに入れ、タマネギとパン粉、卵、片栗粉、塩コショウ、おから、ゴマ油を入れて練る。
❻70gずつ取ってハンバーグの形に整え、両面をこんがりと焼く。

猟師の妻がおすすめする塩こうじ漬け

福岡県みやこ町●中原裕美余さん

福岡県みやこ町で田舎暮らしをする猟師の妻、通称「猪かあちゃん」です。夫が山の神様からいただいてきた獣肉をお惣菜に加工して、町内の農産物直売所「よってこ四季犀館」で販売しています。

猟師が「獲物が大きかった」というときは、たいてい肉質はかため。「塩こうじは肉をやわらかくする」という話を聞いてから、便利に活用しています。焼きすぎるとかたくなるシカ肉も塩こうじに漬けこんでから焼くと、やわらかく、猟師たちにも大人気です。

イノシシの塩こうじ漬け

イノシシ肉の重量の10%の塩こうじをまぶしてよくもみます。スライス肉なら30分から1時間おけば大丈夫。野菜と一緒に炒めておいしく、調味料もいりません。

かたまり(ブロック)肉は塩こうじをまぶして保存袋に入れて空気を抜き、冷蔵庫へ。こうして1日漬けた肉は、こうじを洗い流して水気をきってカット。煮込み料理、ステーキ、焼き肉に。

イノシシ肉のボイルサラダ仕立て

材料

イノシシかたまり肉の塩こうじ漬け、ミニトマト、レタス、ダイコン、ポン酢

作り方

❶イノシシかたまり肉の塩こうじ漬けを薄くスライスしてゆでる。
❷レタスとミニトマトの上にイノシシ肉をたっぷりのせ、ポン酢で味つけしたダイコンおろしをたっぷりとかけてできあがり。

イノシシ肉のボイルサラダ仕立て

シカ肉の塩こうじ漬け

シカ肉は、焼きすぎるとかたくなるので、スライスして焼くときは弱火でゆっくりとが基本ですが、塩こうじに漬け込んでから焼くと、やわらかく、いい塩加減でおいしくいただけます。

私が好きな食べ方は、シカのかたまり肉を塩こうじに一週間近く漬けてから、こうじを洗い流し、水気をとってからフライパンで表面に焼き色を付け、氷水でしめたタタキ風。生ハムのようで、おいしく感じました。

 撮影・田中康弘

燻製には棚の高さが調節できるロッカーが便利

埼玉県小鹿野町●黒沢弘治さん

釣った魚をおいしく食べたいという理由で、燻製にはまった黒沢さんは、猟師からもらったシカやイノシシの肉を燻製にすることも多い。普段は農協の直売所レストランに勤務しているので、燻製は休日に行う。

猟師から肉をもらうのはたいがい休日。もらった肉は、味付けと腐敗防止のために、塩とワインに漬けて一週間ほど冷蔵庫におく。そして次の休日に燻製にする。

最初は一斗缶を使っていたそうだが、現在は、職場で使わなくなったロッカーを利用している。ロッカーには棚を止める金具が付いているので、そこに角材や網を渡せるので自由自在に使え、六〇cmを超すような大物の魚も吊るせるのでとても便利だという。

シカ・イノシシの燻製の作り方

❶肉を3cmくらいの厚さに切って、筋切りをして味がしみ込みやすいようにして、全体に塩、砂糖、黒コショウをふり、もみ込む。
❷肉をビニール袋に入れてワインをひたひたに注いで密封し、冷蔵庫に入れて１週間おく。
❸１週間たったら水洗いして塩を抜き、もう一度黒コショウをすり込む。
❹日陰で半日ほど乾燥させる。干物用の網カゴを使うと衛生的。
❺ロッカーに入れて80～100度で２時間くらい加熱する。
❻煙突にふたをして、サクラとリンゴのチップを七輪の網の上に置いて燻す。

黒沢さんの燻製器

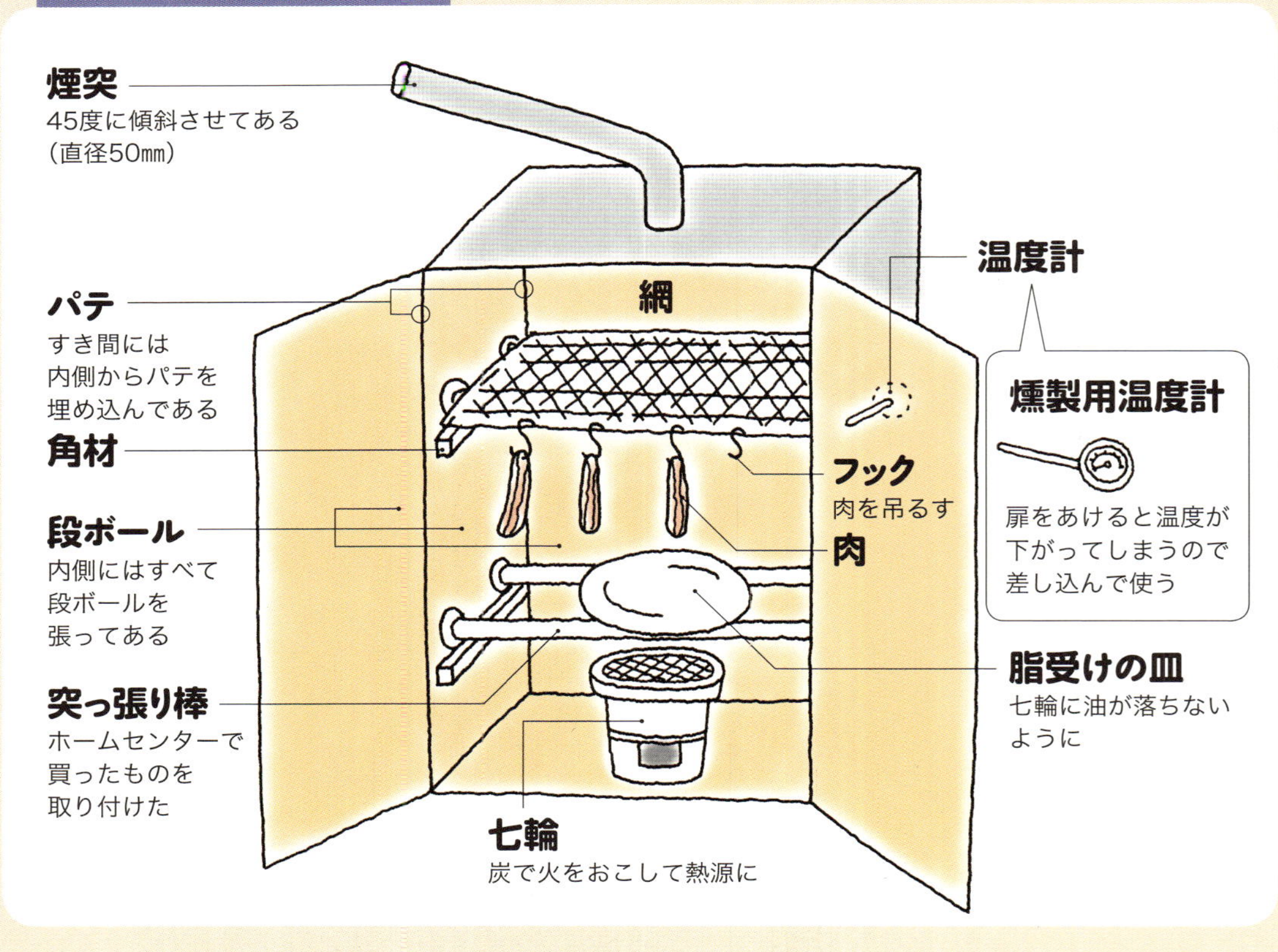

Part 3

私の手づくり加工生活

農産加工で身を立てる
岩手県の千葉美恵子さんと、
栃木県の渡邉智子さんの
加工生活をまるごと紹介

直売所向けの加工品を手に満面の笑みの千葉美恵子さん（八八ページ）

一人でムリせずニコニコ加工経営

岩手県一関市●千葉美恵子さん

茎ワカメとシイタケの佃煮を持つ筆者。田んぼ2町5反。育苗ハウスと畑１反で野菜と花。加工を始めて収入が以前の倍以上になった

夢中でイネづくりをしていた頃の奮戦記を『現代農業』で連載（二〇〇〇年一～十二月号）させていただいた私に、今度は加工の連載のお話をいただきました。一度は遠慮したのですが、加工をしている人や加工を目指している人のヒントになるかも、とのすすめに、私も『現代農業』に登場した多くの方々の記事のおかげで加工の道に進んだことを思い出し、連載させていただくことにしました。

稲作農家から農産加工の道へ

私は八年前まで一人でイネづくりをしてきましたが、主人の退職後、腰にガタがきて、普通の農作業ができない体になってしまいました。このまま体をいたわりながら静かに暮らさなければならないとあきらめながらも、病院を転々と歩き、やっと腕一本で治療する先生と巡り会い、再起できました。それでも無理はできず、野菜や花の産直活動も以前のようにはいきません。

その頃、試しに凍みもちとトウガラシ味噌をそっと直売所に出してみて、加工販売の手応えを感じていましたが、やめるか許可をとるかの決断の時期でもありました。一度はあきらめた人生、もうひと頑張りできるチャンスを与えられた気がして、ぜひ許可をとってやってみたかった。もちろん、資金や運営、家事に農作業の兼ね合いのなかで、どこまでできるのか迷いはありました。「体は大丈夫？　失敗したら？」と心配する主人に、「これからの生きがいにしたい。危ないと思ったらすぐ引き返すから」と説得して、二カ月後には加工場ができあがりました。

「やめたほうがいい」が応援歌

加工の許可をとるべきか心が揺らいでいたとき、普及員さんにお話をうかがったこともありました。「採算が合わないからやめたほうがいい」とのアドバイス。一般的に採算を合わせるのが難しいらしく、私のためを思ってのことでしたが、それは逆に私には応援歌に聞こえたのです。「だったら私は採算が合うようにやってみたい」。こ

食品加工をこれからの生きがいに

こんなに大きくなったフキノトウも加工に向く（撮影・村上光太郎）

のことも決断になりました。

なんの加工技術も持たず、勉強もしたことがない私が無謀とも思われることを決断できたのも『現代農業』に載っていた全国で加工を実践されている方々の記事をつぶさに読んでいたからです。また、発刊されたばかりの小池芳子先生の『手づくり食品加工コツのコツ』（農文協）を手にしたことで、私にもできるかもしれないと大きな勇気をいただいたからでもあります。

高価な道具は買わずに加工をスタート

販売の許可は、わが家のもち米を使いたいので「菓子類」、豊富な山菜が身近にあるので「惣菜」、二〇年来探してやっと手に入れた赤ルバーブをジャムにしたいので「ビン詰め」の三種類をとりました。保健所に相談し、図面をひき、指導を受けながら、当時物置きにしていた主家続きの元畜舎を改築。加工室、倉庫合わせて二六㎡の小さな私の城ができました。

土間だった建物全体を舗装し、市水道をひいた工事費は二二〇万円。ひとりでの作業のため大型の器具は用意せず、備品と工事費を合わせても三〇〇万円内ですみました（買ったのは鍋、釜、作業台、冷蔵庫、棚など）。

衛生指導を受け、身を引き締めて、二〇〇六年十月二十日に許可がおり、私の冒険がスタートしました。忙しい忙しい日々の始まりでもありました。

思いつくままに試作して、直売所に並べていきます。「母さんは料理下手」と息子に大きな太鼓判をドンと押されている私ですが、「味がいい」「おいしい」とお客さんが私の加工品を買ってくださるのを目にして、うれしくも、信じられない思いもありました。後に、小池手造り農産加工所の小池芳子先生（五一ページ）に「千葉さんは舌がいい」といわれたことで、さらに自信を持つことができました。

人とかち合わない商品づくり

どんな加工品をつくるか選ぶにあたり、生産者同士うまくやっていくために、なるべく人とかち合わないようにすることを意識しました。まわりで加工をやる人は、漬物やがんづき（蒸し菓子）、大福などをつくるので、それらは避けて、山あいにある直売所（道の駅）ならではの特色と、自分の個性を出すことを念頭に取り組んでいます。他の人が出していないような加工品を考え出すのは楽しいものです。同時にまた、わが家で普段食べていておいしいと好評な料理も売るようにしています。

現在、商品化している加工品は次ページの表の通りです。季節性を取り入れながら、材料は自家産と当地の特産を主にし、三年間でこのような品目ができあがりました。

スタートした時点で投資した分を早く回収したい。自分流に単純計算して、五年で元をとり、その後は年老いた母を看ながら楽しくやっていくつもりで頑張っていたら、三年目には目標を超えていました。昨年は念願の真空包装機（約七五万円）を買うこともできました。

今では加工はわが家の収入の中心で、生活の支えとなっています。思いきって加工の道に進んだことは後悔していません。

	加工品	原料（農産物）	開発秘話
休みはとるけどほぼ周年	**凍みもち**	自家産	直売所にはすでに白もちや切りもちがあったので、自分は凍みもち。冬に干し、秋まで販売
	果報だんご（あんこ）	粉は自家産 小豆は地元産（近所のおばあちゃんたちから購入）	郷土料理。地元の人には馴染みがあり、観光客は珍しがって買ってくれる。一番の売り上げ。傷みやすい夏とお客さんの少ない冬は休む
	果報だんご（納豆）	粉は自家産 納豆は購入	男性客があんこを見ながら「恐いな〜」。糖尿病、メタボリックを気にする人も多いんだと気づき、健康食品の納豆版を開発
	クルミようかん	クルミと小豆は地元産（近所のおばあちゃんたちから購入）	小豆が余っていたとき、主人のアドバイスで商品化。自宅でよくつくっていたお菓子。傷みやすい夏は休む
	韓国風のもち菓子	もち米は自家産	近所の人に教わった。中に入れていたレーズンは好き嫌いがあるのでやめて、クルミやゴマでアレンジ。もち米を売るとき提案するレシピにしようと思ったが、店長のすすめで商品化。夏は傷みやすく、冬は固くなるので休む
期間限定	**煮豆（黒豆）**	仕入れ	年末はどっと売れるが、年が明けると途端に売れなくなるので、その時期だけ
	煮豆（花豆）	自家産	花見時期の行楽シーズンのみの販売
新商品	**玄米もち**	自家産	米の直売で、精白米より玄米の売り上げが上回ったので商品化
	ゴボウの煮物	仕入れ	自宅でつくったとき、失敗してやわらかくなってしまったが、おばあちゃんからは「食べやすい」。健康野菜ということもあり、商品化
やめたもの	**黒豆と黒ゴマ入りの豆もち**	もち米は自家産 黒豆は仕入れ	人気はあったが、果報だんごもあるので、時間的に無理（朝4時起き）。果報だんごのみ残すことに
	あけがらす風のもち菓子	購入	岩手県遠野市の銘菓。上南粉、みじん粉、クルミなどすべて買うと、コスト高
	漬物	自家産	他に出す人がいるので太刀打ちできない。下漬け、本漬けなど手がかかる。真空包装しても膨らんでいる商品を見て、難しそうと判断
	カラフル凍みもち	自家産＋購入	古代米、ミカン、カボチャなどを混ぜてみたが、日が経つと色がくすんでしまう

伸びすぎバッケと硬いフキは加工向き

バッケをとったり、小豆を栽培してくれるおばあちゃんたち。大きなバッケなら、おばあちゃんたちでも収穫がラクだし、量も稼ぎやすい

東北の遅い春の陽射しを受けて雪が融けだすと、バッケ（フキノトウ）が頭を出し始めます。ポカポカ陽気の土日ともなると、道のあちこちに見慣れない車が止まっています。おそらくバッケとりの人たちでしょう。

★私の加工品たち★千葉美恵子さん

	加工品	原料（農産物）	開発秘話
周年販売	トウガラシ味噌	自家産	トウガラシ栽培にはまって、規格外品を加工。友人に「食欲がないときでもご飯が進むよ」と教わり、つくってみたところ好評で、直売所でも販売するようになった
	ニンニク味噌	自家産	料理のアクセントに
	バッケ（フキノトウ）味噌	地元産（近所のおばあちゃんに収穫してもらい、買い取る）	地元のものを売り出したい
	茎ワカメとシイタケの佃煮	シイタケは自家産＋地元産（仕入れ） 茎ワカメは陸前高田産	原木があるので、自宅でよくつくっていた料理。シイタケと茎ワカメの相性抜群。自分のシイタケだけでは足りなくなったので、仕入れも。人気商品なので、1年中直売所にあることが大事
	青ナンバンの佃煮	自家産	とれすぎトウガラシをなんとかしたい。旅先で出合った料理をヒントに、小池さんに相談。タネが硬くなる前の青トウガラシを使用
	バッケの佃煮	地元産（近所のおばあちゃんに収穫してもらい、買い取る）	地元のものを売り出したい
	フキの佃煮	地元産（自分で収穫）	組織がしっかりしたものを使いたいので自分で収穫。山菜として販売する人の「生だと売れないんだよ」という言葉を聞いたので、加工。お客さんはゆでたり、皮をむいたりが面倒くさい。すぐ食べられるように佃煮に
	トウガラシ醤油	自家産	沖縄の島トウガラシの泡盛漬けをヒントに、醤油に漬けてみた。自宅で好評だったので、商品に。青トウガラシを使用
	ピリカラぽん酢	自家産（トウガラシ）	小池さんのアドバイスで、トウガラシ醤油に酢を足し、使う醤油も白醤油に。トウガラシ醤油と区別するために赤トウガラシを使用
	ルバーブジャム（2種類）	自家産	思い入れのある野菜。ジャムが一番適している
	ブルーベリージャム	自家産	年間通して大量にジャムをつくる組合があるので、自分は少量生産
	ニンジンジャム	自家産	小さすぎる規格外を利用
	リンゴジャム（2種類）	地元産（仕入れ）	ジャムの定番なので、あったほうがいい。黄と赤で、売り場も華やかになる。また、地元産地を売り出したい
	イチゴジャム	地元産（仕入れ）	地元産地を売り出したい
	イチジクの甘露煮	地元産 （知り合いから購入）	青果が余って困るから、買ってくれないかと頼まれた

私も負けてはいられません。お客さんが待っています。「バッケ味噌」と「バッケの佃煮」にして直売所に並べなければなりません。

春の直売所は山菜がいっぱい

春になると冬眠に近い状態だった直売所もお客が増えて、活気がよみがえります。店頭にはバッケを皮切りに、ワラビ、タラノメ、コシアブラ、フキにシドケ、原木シイタケと次々と山の幸が並びます。春一番の山菜のアク（苦み）には体内に溜まった毒素を洗い流す効果があるといいます。お客さんもよく知っていて、それを目当てにどっと繰り出してくるのです。

以前朝市に出店していたとき、生のフキを出している人に、お客のおじさんが「煮たり、皮をむいたり、面倒なものは町の人は買わないよ」というのを耳にしました。なるほど生のフキはそのとき一束も売れなかったのです。そうか、私たちは手間を売ればいいのだとそのとき気づきました。だから、より手間がかかり、すぐ食べられる加工品が一番。いろいろ加工法はありますが、日持ちを考えて今の加工品になりました。

伸びすぎバッケは量も稼げておいしい

他の人が蹴飛ばすような伸びすぎバッケで

バッケはシーズンでも一〇個ぐらいで一〇〇円と、けっこう高いものです。私のつくる佃煮は一〇〇gトレイが二二〇円、一五〇g入り袋が三五〇円。お客さんは「生で売ってるバッケの三～四倍の量が入っている加工品で、この値は安い。しかもすぐに食べられる」と思うのでしょうか、半年で七〇〇個ほど売れました。私でさえすごくお得感があるとは思いますが……。

じつは安いのには裏があります。佃煮にするバッケは少し大きくなって、バッケとりの人々が蹴飛ばして歩くような一四、五cmに育ったものも使います。伸びた茎もおいしいのです。そのうえ、同じ一〇個でも若いうちにとったつぼみと比べると、量が違います。

バッケとりはおばあちゃんたちの仕事

でもこの時期は野菜の育苗、田畑の準備とでとても忙しく、野山に行く暇がありません。せっかく売れて、お客さんが期待してくれていると思うと、出さないわけにもいきません。そこで思いついたのが、近所の人にバッケをとってもらって買いとる方法です。加工で使う小豆を分けてくれるおばあちゃんたちは、留守番しながらご近所でお茶飲みをしているとのこと。さっそく行ってお願いしたら、二つ返事で引き受けてくれました。「こんなにおがった（大きくなった）ものがお金になるなんて」と喜んでくれるうえに、私もひと手間省けて大助かりです。大きく育ったバッケをとるのは三月末～四月初旬と時期は短いですが、おばあちゃん二人から一〇〇kg以上分けてもらっています（私も早い時期の小さなバッケは自分でとります）。

おばあちゃんたちはきれいに収穫してくれていますが、受けとったらひと通り目を通してゴミと雌花を取り除きます。雌花は繊維が口に残って加工には向かないのです（量はそんなにありません）。

バッケはまずゆであげて水に放し、脱水して、味噌用はフードプロセッサーで刻み、佃煮用は粗切りして、あとですぐに使えるように小分けして冷凍ストッカーに保存します。この時期は早く処理しないと傷むので、集中作業になります。

太くかたいフキが、佃煮向き

六月からは、フキが伸びて収穫が始まります。当地は、キャラブキ（フキを皮のまま煮詰めた料理）には馴染みがないので、佃煮が好まれます。そのため皮むきの面倒な作業があります。ゆであげたあとの皮むきは母の出番です。老人の手はありがたいもので、私が畑やハウスでバタバタしているうちに、ちゃんと皮むきが終わっています。

あとは甘辛く煮込んで直売所へ。他に誰も出さないので売れ足が速く、二、三日おきにつくらなければなりません。他の加工もあるのでこの時期は一年で一番忙しく働かされるのです。

フキは六月から七月いっぱい収穫できるので、他の作業の合間を利用でき、助かります。遅くなるとかたくなりますが、そのぶん時間をかけて煮込むと形がしっかり残って、いい佃煮に仕上がることがわかりました。

また、販売期間を延ばしたいと思い、七、八分まで煮込んでから冷凍保存しておいて、必要に応じて仕上げ煮する方法もとり入れています。一度煮込んであるのでかさも減り、冷凍の場所もとりません。

バッケ味噌

作り方

砂糖(1kg)、酒(適量)、みりん(少々)を煮溶かしたところに、味噌(3kg)を入れ、90度ぐらいで練りあげる。最後にみじん切りにしたバッケ(アク抜き脱水した状態で1kg)を入れ、少し煮る。

※酒の量は味噌がかたければ多めに、やわらかければ少なめ。

※火を止めたらすぐに鍋ごと水につけて冷やすと、色よく仕上がる。

周年で
660個販売

フキの佃煮

作り方

ゆでて皮をむいたフキ(4kg)を、醤油(800cc)、トウガラシ(2～3本分)、みりん(少々)でやわらかくなるまで煮て、砂糖(合計1kg)を数回に分けて入れて、煮汁がなくなるまで煮る。

※早くから砂糖を入れると、フキがかたくなりすぎてしまう(もともとフキはかたいから)。

6～8月で
650個販売

バッケの佃煮

作り方

粗く切ったバッケ(アク抜き脱水した状態で2kg)、醤油(600cc)、砂糖(500g)、刻んだトウガラシ(2本分)、みりん(少々)を最初に全部入れ、一緒に煮る。

※バッケはやわらかいので、先に煮て調味料をあとから入れると煮溶けてしまう。砂糖などの調味料をはじめから入れて、バッケを引き締め、中火で一気に煮上げる。

※バッケの苦みを強調したいので、砂糖は控えめ。

※水分を飛ばしすぎると、固まって箸離れが悪くなるので、ある程度煮汁が残っているぐらいで火を止める。

1～6月で700個販売

日持ちする シイタケの佃煮

水稲の育苗や春作業に人々が動き出すと、原木シイタケ栽培農家はいっせいに伸びだすシイタケの収穫に大忙しです。近年、異常気象のため、岩手では収穫量が減っているとのこと。そういえばわが家の一〇〇〇本足らずの原木にも異変が起きています。かつては木肌が見えないくらい出たものですが、今は寂しいくらいです。

二〇〇六年秋、冬の凍《し》みもちづくりに間に合うように加工の許可をとりたいと急いだら、大工さんの都合もよく、トントン進み、予想より早く許可がおりて、今ある材料でなにができるか考える始末。「泥棒を捕まえてから縄をなうようだ」と、笑う夫を尻目に、わが家の干しシイタケを使いたいと思いました。シイタケは高級品、健康食品のイメージがあるのに市場価格が高いためか農産加工ではあまり見かけません。わが家のシイタケを使わない手はありません。

家庭料理の目分量を数値化

その時点で五kgほどのシイタケが残っていたので、どんな加工品にするかちょっと考えましたが、普段つくっていた茎ワカメとシイタケの佃煮に。この料理は日持ちするうえに、わが家ではお弁当にも好評でした。手馴れているので、すぐ商品化できると考えたけど、いざお客に買っていただき、そのうえ、また食べたくなって再度買っていただくようにしたいと思うと身構えます。「茎ワカメとシイタケの割合は?」「甘さ加減、塩加減は?」と、これまでのようないい加減にはいきません。

そこで今までの目分量を量りにかけてみたら茎ワカメとシイタケは一〇対一。醤油、砂糖は味を見ながら少しずつ加えて使用量を記録しながら仕上げました。

包装は凍みもち用に用意していた発泡トレイとラップ機を使ってスーパーのお惣菜のイメージで。そして、娘がつくったイラスト入りのラベルを貼ると、商品らしくなりました。

賞味期限の設定は、しっかり保存試験をしてからのほうがいいのでしょうが、最初なのでどう評価されるか早く知りたくて、まずは七日と短めにして、店頭に並べました。その後は、常温と冷蔵の二通りの保存試験の様子を見ながら、新しくつくるごとに賞味期限を延ばしていきました。

おまけシイタケを上乗せ

直売所で試食品を食べてもらって、従業員やお客さんにおいしいと評価いただいたときは、張り詰めた糸がスーッとゆるむ思いでした。

ある日、いつも朝早く来て佃煮を買ってくださるお客さんが、並べてあるトレイを手に取りながら選んでいました。なにを基準に選んでいるのか気になります。思いきってうかがってみると、シイタケが多そうなトレイを選んでいるとのこと。やっぱりシイタケに着目したことが的中したと、心の中でガッツポーズ。それならよりお客さんに喜んでいただけるようにと、レシピのシイタケを増量。トレイに盛ってからも、おまけの気持ちでシイタケを一、二きれ上にのせてラップするようにしました。

「高いよ」といわれた肉厚シイタケをあえて購入

そんな感じで直売所に出荷していたら、三月にはシイタケが底をついてしまいました。せっかく売れる手ごたえを感じたときにやめるのは惜しいことです。それに一年を通して販売すると

茎ワカメとシイタケの佃煮

材料

- 茎ワカメ（塩蔵）……… 2kg
- 干しシイタケ……… 250g
- ザラメ……… 1.5kg
- 醤油……… 800cc
- みりん……… 100cc
- 鷹の爪（トウガラシ）……… 2本

作り方

❶茎ワカメは適当にカットして水で戻す（塩出し）。
❷干しシイタケはサッと洗いヒタヒタの水で半日以上戻す。
❸②のシイタケのイシヅキを切り、スライスする。
❹スライスしたシイタケと、シイタケを戻した水を鍋に入れ、火にかけ沸騰させアクをとる。
❺醤油の半量とみりんを入れたあと、茎ワカメを加え、沸騰したら火を弱め、小切りした鷹の爪を入れる。
❻茎ワカメがやわらかくなってから、残りの醤油とザラメを数回に分けて入れ、煮汁がなくなるまでじっくり煮込む。

ポイント

●茎ワカメの塩出し加減が大事。戻しが足りないとかたく仕上がるし、ふやけすぎてもネバネバした佃煮になる。水を流しっぱなしにすると、一気に塩が出て短時間ですむ半面、タイミングが悪いと、ふやけすぎたり失敗につながる。面倒でも何度も水を替えたほうがいい。30分おきに4、5回が目安。
●火加減は第2のポイント。強いと短時間ですむが、かたく仕上がる。弱すぎると時間がかかり、やわくなる。私は火を入れてから仕上げまで弱火で約2時間を目安にしている。

手前のトレイが220円で年間2000個弱販売。賞味期限は夏場は7～10日、冬場は16～18日。奥の袋入りは385円で年間300袋弱販売。賞味期限は真空包装なので半年
※真空包装機については132ページ

なると、わが家のシイタケだけでは足りないこともわかりました。

近所でシイタケを栽培している人に相談すると、前年の残っている分をわけていただいたうえ、大量に必要だったらＪＡに聞いてみたらと教えてくれました。ＪＡの共選場で何十通りにも選別されたシイタケを見せていただき、担当の人は「加工に使うなら開いて大きい（薄い）のが安いからいいのでは」とすすめてくれましたが、私は「高いよ」といわれた味のよい肉厚で大きめのを選びました。高いとはいえ、市販の半値ぐらいで手に入るうえ、一関産もアピールできて両得です。

茎ワカメも最初はスーパーから買って使っていましたが、鮮度が気になります。かつてイネづくりに夢中だった頃、わが家の田んぼに光合成細菌がたくさんいることを発見してくれた、当時一関農業高校の伊勢勤子先生のご主人の実家は陸前高田市（岩手県）で、確か漁協に関わっておられました。電話してみると、広田湾漁協の直売所を紹介してくれたので、さっそく注文。届いた茎ワカメは色、鮮度ともに申し分なく、上質の材料が安価で手に入り、私の佃煮がよりおいしくなった気がします。

販売先は、はじめは道の駅だけでしたが、二〇〇七年秋よりもう一店「新鮮館おおまち」にも出荷するようになりました。市の中心街の活性化を目的とした直売所で、ここでもよく売れる商品となりました。

自分でつくったニンニクで
ニンニク味噌

手前が「にんにくみそ」。フタがしっかり閉まり、液垂れもしにくい容器で販売

行楽シーズンはお客も多く、出荷したものが順調に売れて心も踊るのですが、シーズンオフとなるとお客が少なくなって、売れ残って処分しなければならないこともしばしばでした。手をかけたことを思うと、とてもわびしいものです。

二つの直売所で客層が違う

せっかく許可施設をつくったのだから有効に活用しなければと、道の駅に加えて、街中にある直売所「新鮮館おおまち」の組合員にもなって、出荷を始めました。

すると、道の駅であまり売れないものが、「新鮮館おおまち」で三倍も売れたり、その逆もあったりで、売れ残って処分することがほとんどなくなりました。客層の違いがはっきりと売れ行きに出るのです。

つくったこともないニンニク味噌を商品化

「新鮮館おおまち」に出荷し始めて数カ月した頃、食堂部のオーナーさんから「千葉さんは舌がいいから、バッケ味噌やニンニク味噌もつくったら、いいものができると思うよ」と声をかけられました。その頃、私は、バッケ味噌もニンニク味噌もつくったことがありませんでした。小池手造り農産加工所の小池芳子先生（五一ページ）に褒められたときもそうでしたが、「舌がいい」といわれると、ついその気になってしまうのが私の悪い癖で、つくってみたくなりました。

材料の味噌の確保に一苦労

わが家の味噌は手づくり。米一斗をこうじにして、豆一斗と合わせる割合のためか、甘みのあるおいしい味噌です。本も参考にして私のニンニク味噌ができあがりました。しかし、製品化となると自家用に仕込んだ味噌では量が足りません。味噌屋さんにわが家の味噌と同じ配合で仕込んでほしいと頼んでも、「塩の分量が少ないから変質の恐れがある」と、絶対に「うん」といってくれません。

そこで、自分で味噌を仕込むことにしました。そんな折、味噌製造許可のない手づくり味噌は加工材料としても使えなくなるらしいと耳に入りました（味噌そのものを販売できないのはわかっていました）。早く対応しておかなければと、あちらこちら聞いて、自分の味噌と同じ配合でつくってくれる加工所を見つけて一安心。

自宅の納屋を改装した加工室で筆者

農家の特権、ニンニクは自分でつくる

ニンニク味噌をつくり始めたときは、ニンニクは直売所で買い入れて使用していました。当時は、毒ギョーザ問題で国産ニンニクが高騰しており、そんな中での買い入れは痛い出費です。

そこは農家の特権、秋にはしっかりと畑にニンニクを植え込みました。自分でつくったほうが安心ですし、コストも下げられます。なによりもつくる土地があるのですから。ニンニク味噌はドンドン売れるものでもないので、材料は一輪車山盛り一台分あれば一年分、十分足ります。

水に浸してから皮をむくとラク

ニンニクは皮むきがたいへんです。はりついた皮をむくのはイライラするほどです。私はニンニクの収穫のとき、畑でニンニクを抜きながら根を切り、適当にワラで束ねて、土つきのまま風通しのよい日陰に吊るします。使用するときは、土を洗い流してから皮むきをします。あるとき、皮むき途中に急に用事ができて、次の日、残りの皮むきをしたら、洗ったときの濡れで皮がふやけてやわらかくなり、ナイフで根元を切ると、クルクルと簡単にむけるのです。これでやっと皮むきがラクになる。ヤッターの思いでした。

直売所の従業員の方々に感謝

直売所で常にお客と接している従業員さん方は、商品に対するお客の思いや考え、なにを望み、なにを嫌うかなど、多くの情報を提供してくれます。お客様に喜んでいただける商品開発や商品改善にはなくてはならない存在です。従業員さん方といい関係を保つのも大事なことと日頃考えています。

ニンニク味噌

材料

皮をむいたニンニク……700g
ショウガ……1かけ
味噌……3kg
砂糖……900g
ゴマ油……100cc
みりん……少々
酒……360cc（味噌のかたさで増減）

作り方

❶ニンニクとショウガをフードプロセッサーでていねいにつぶす。
❷鍋に①のニンニクとショウガ、砂糖、酒、みりん、ゴマ油を入れ、火にかけてニンニクに火が通るまで練る。
❸味噌を加えてさらに練る。

ポイント

- ニンニクのデンプンのせいかなにかわからないけど、食べよいかたさ（水気がないぐらい）に仕上げると、冷めたときにねっとりしてかたくなる。酒の量で調整したり、加熱時間を短くして、水気が少しあるぐらいにゆるめに仕上げるとよい。
- 酒は味噌のかたさで増減する。同じ味噌でも、夏と冬でかたさが違う。

あつあつご飯に

赤と緑のルバーブジャム

ルバーブに憧れて ジャムづくり

今でこそルバーブは、直売所などでも目にするようになりましたが、二十数年前はテレビから流れてきた「ルバーブ」という聞きなれない言葉に吸い寄せられました。そこにはフキのような細長いものの束が映っていました。テレビの内容は、確か関東周辺の避暑地だったと記憶にあるのですが、毎年夏に避暑に来る在日外国人が地元のおばあちゃんにルバーブのタネを託し、とれたルバーブを小さな直売所に並べてもらって、それを外国人がまた買うという内容でした。日本にあまりないものだからタネを託したのでしょう。そうまでして食べたいルバーブとはどんなものか、とても興味が湧きました。そして、いつか栽培してみたいと思ったのです。

独特の酸味で「あら、おいしい」

園芸店で見つけた横文字の小袋に入ったタネを何度か播種してみても発芽せず、うまくいきませんでした。六年ほど前、宮城の種苗会社の営業の方に相談して、よその会社を紹介していただき、そこからたどりたどりで、やっとタネが手に入りました。赤のルバーブを望み、袋の絵も赤だったけど、できたのはみな緑。それでも喜び勇んでジャムにして試食。これまで味わったことのない独特の酸味で、友人たちに試食してもらうと、「あら、おいしいじゃない」。

そんなわけでルバーブはわが家の畑の一角に定着し、ジャム加工の許可申請のきっかけになりました。

一五～二〇ℓの鍋で、作業効率アップ

許可をとるにあたり、保健所からはジャムの製造法を県の技術センターで学ぶように指導されました。その後、教わった製造工程を書類にして提出したうえで、許可がおりました。

用意した器具は、アルミの大鍋と、三段蒸し器。大鍋といっても、私の加工場で使用する鍋類は、一般の台所にある鍋のちょっと大きい版といったところ。容量は一五～二〇ℓです。ちょっと自信のない腰（以前痛めた腰）と、ひとり作業なので、あまり大きいものは必要ないと思ったからです。

一度にたくさんはできないけれど、経費の面、作業の面からもよい選択だったと、今思っています。ジャムの煮

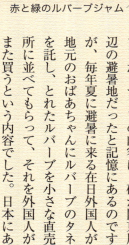

ジャムづくりに欠かせない道具たち

ステンレスのボウル
火の回りが早い

寸胴鍋用のガス台
（蒸し器を置いて、ビンを殺菌）
移動できるガスコンロ
（ボウルを置いてジャムを煮詰める）

膝ぐらいの高さのガス台
低いので、鍋の上げ下ろしがラク

三段蒸し器
ジャムを入れたビンを並べて、蒸気で殺菌。中に置いてあるのは、ジャムをかき混ぜる道具やビンに移す道具

詰めとビンの殺菌を並行しながらジャムができあがり、ビンに詰めるのはひとり。熱いビンに熱いジャムを詰めなければなりません。一度に多くの量をつくると、詰め終わらないうちにジャムが冷めてしまうのです。

　一五ℓほどの鍋で一度に加工できる材料は五kg、ジャムは三六ビン（一ビン一八〇g入り）できます。これが蒸し器に一回でちょうどスパッと入ります。計算したわけでもないのに鍋と蒸し器がうまくマッチしたのです。

目からウロコ ボウルが鍋になる！

　でもルバーブを一度に五kg煮込むと、中心部の火の通りが悪いためか、蒸し煮状態で黄色っぽくなってしまいます。一気に火を通せば色よくできるのではと思い、半量にしてみたら、緑色できれいに仕上がりました。

　ただ、酸味の強い素材をアルミの鍋で煮込んだら、アルミが溶け出す心配があります。ステンレスだったらよいのではないかと鍋を探して歩いても見つけられませんでした。

　そんなとき小清水正美先生の『食品加工シリーズ⑧ジャム』（農文協）を見ていたら、ステンレスのボウルを火にかけてジャムを煮詰めている写真が目に留まりました。ボウルは鍋としても使えるのだ。目からウロコです。

　ちょうど手持ちのボウルに五kgの材料が入ります。底が丸いためか、火の回りもいい感じです。

膝の高さのガス台なら腰にやさしい

　それからよかったことをもうひとつ。丈の低いガス台を用意したことです。地域の公民館の加工場で味噌づくりをしているのですが、そこのガス台は腰の高さほどで、蒸した米を下ろすときなど、二人がかりで持ち上げてもたいへんなうえ、危険を感じます。「一、二の三」と気合を入れないと火傷しそう。ガス台がもっと低ければいいと思っていたのです。それに、高い台だとジャムを煮詰めている最中にはねたりしたら顔につくのでは、と危険も想定されます。

　そんなわけで自分の加工場のガス台を用意するときは低いガス台を探しました。「あっ、これはいい」と見つけたのは、寸胴鍋用（中華のスープ鍋用）のガス台でした。膝の高さです。

　もうひとつは移動できるガスコンロで、それを載せる台も寸胴鍋用のガス台と同じ高さを見つけてバッチリ。腰にやさしく、安全に作業できます。

　加工について勉強もせず、よその施設の見学もせず、自分の思いだけで用意した機器ばかりです。よその人と比べると見劣りするかもしれませんが、先入観がなかったことが自分流でよかったとつくづく感じています。

冷めてもかたくならない 果報だんご

有機と特別栽培の「こがねもち」「ひとめぼれ」で、だんご粉と果報だんごをつくっています。自家産の小豆は小倉あんにして、だんごはいつも家でつくるように、だんご粉を温湯でこねて、手でまるめてゆであげて、あんにからめて容器に入れて出来上がりです。

果報だんごづくりのコツ

▼水さらし・二度づき法を応用

果報だんごはイベントなどではよく振る舞われますが、直売所で並んでいるのは珍しいので、当初からすぐに売れました。ただ、朝つくっただんごが夕方にはかたくなってしまう問題がありました。上新粉ともち粉の割合を変えてみたり、白玉粉を配合してみたけど、うまくいきません。

そこで、ひらめいたのが以前『現代農業』（二〇〇二年十二月号）に載っていた冷めてもかたくならないもちの「水さらし・二度つき法」。さっそくゆでであげただんごを水で冷やして、もちつき機でついてみると、口当たりがよく、コシの強いだんごができあがり、夕方までやわらかいのです。

▼一升用のもちつき機が安全

もちつき機は最初のうちは、三升用を使用していましたが、もちつき機のフタをとり、上からだんごを手で押さえて手助けするときに（左ページ写真❹）、機械が大きいと羽根の回転が強くて、手が巻きこまれそうになって、手袋がちぎれたりしました。近所では指を巻きこまれて骨折した人もいます。

そこで安全に作業するために、一番力が弱くて小さいと思われる一升用のもちつき機を用意しました。土日など、つくる量が多いときは面倒でも、二回三回と使いまわしています。

▼丸もち切り器が便利

もちつき機にかけただんごを衛生上、あまり手をかけずに小さく切る方法も考えました。すぐ頭をよぎったのは、JAのもち用機器のチラシに載っていた丸もち切り器。JAに問い合わせると、八〇〇〇円ぐらいで取り寄せられるとのこと。うまく利用できなくても、あきらめられる金額と思い、すぐさま注文。これが予想を超えるすぐれもので、カッターがついていて、ハンドルの回し加減で大小思い通りに丸く切ることができて、ひとり作業するうえで、とても便利なのです。

近所のおばあちゃんたちから小豆を購入

あんの原料になる小豆が自家産だけでは足りず、近所の人にお願いしたら、快く分けてもらえました。これまでは

➡
手前が従来のあんこの果報だんご。郷土食であり、旧暦11月24日に弘法大師を祭って食べる習わし。萩の小枝が入っただんごに当たれば、幸せ(果報)が訪れるといわれている。直売所で販売する場合は異物だと思われないように、萩の小枝は入れていない。あんこたっぷりなのが好評。奥はアレンジした納豆版

製あん所や鯛焼き屋さんに小豆を売っていたとのこと。おばあちゃんたちが畑を荒らしたくない思いで栽培している小豆を安く分けていただいては申し訳ないと思い、よそより高いお代を支払ったら、「高く買ってくれる」という噂が広まりました。一〇人ぐらいの人が分けてくれることになり、一年間使用する量が用意できたのです。

自家産と地場産の原料にこだわった果報だんごは、かくして私の加工品の代表作となったのです。

冷めてもかたくならない果報だんごの作り方

❶上新粉ともち粉を半々から2対1の割合で混ぜ、温水を加えてこねる。

※冬はかたくなりやすいので、もち米の割合を多く、水分も多く、もちつき機にかける時間を長くして、やわらかめに仕上げる。夏は温度が高くてかたくなりにくいので、冬よりかために仕上げる。

❷まとまったら適当な大きさにちぎって、ゆでる。だんごが浮いてきて、2～3分したら、網で取り上げて、ボウルに移す。

❸中が冷えるまで流水にさらす。

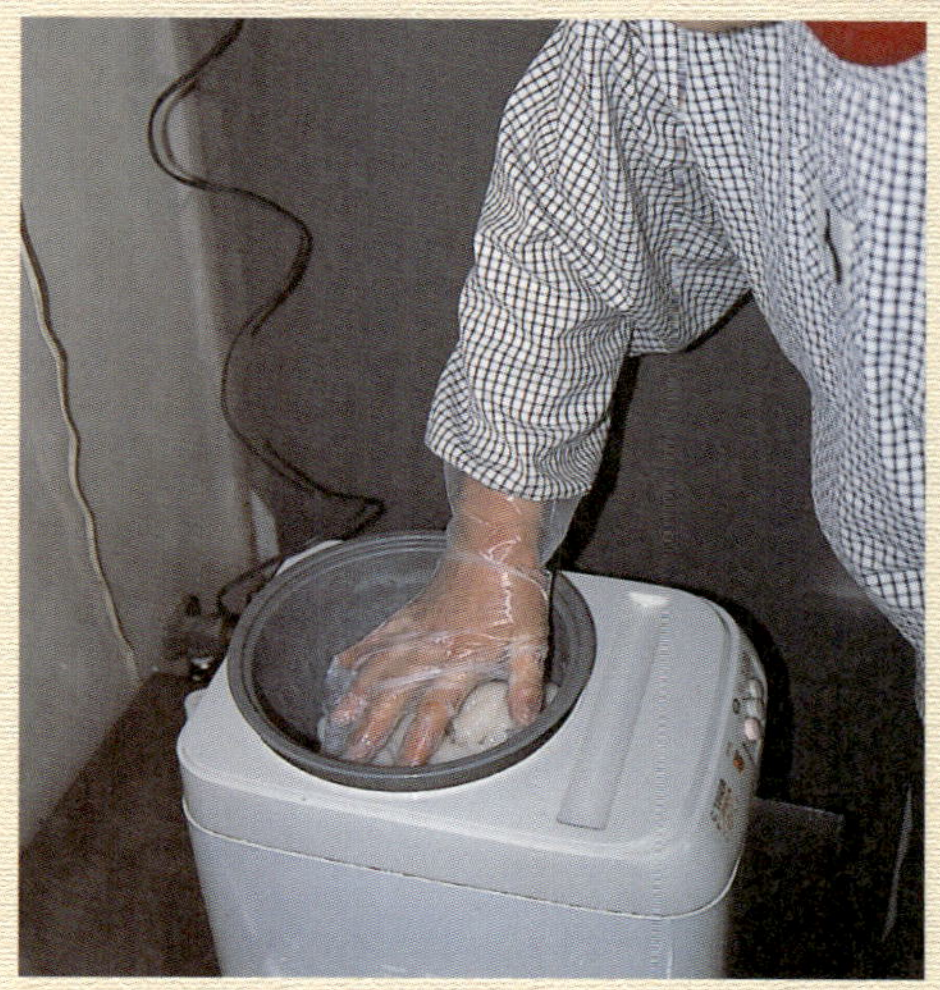

❹もちつき機にかける。冷えただんごはかたくなっており、機械の中で飛び跳ねてなかなかつけないので、だんごがひとまとまりになるまで手で押さえる。

❺もち切り器にかけ、あんにからめる。

※もち切り器はタイガー魔法瓶㈱の「まる餅くん」。

ハンドルを回すと
だんごが押し出される
だんごの
生地を入れる
押し出された
だんごを切る

米ヌカで誰でもつくれるなめらか玄米もち

もち米と米ヌカを一緒についたオリジナル玄米もち。ツルツルなめらか

何年か前に、市販の玄米もちを食べておいしかったので、自分でつくってみようと、精米もち米と同じ方法で玄米をもちつき機にかけたことがあります。しかし、そのときはパラパラと玄米が踊って、全然つぶれませんでした。そこで、もう一度蒸し直してついてみたけど、やはりつぶれないで、あきらめた経験があります。

古代米を粉にしてみる

それからしばらくして古代米もちをつくってみようと、もち米に一割ほどの古代米を加えてついてみました。やはり古代米（玄米）がつぶれず、見ためがよくなく、食べてもつぶつぶが違和感となっておいしく食べられなかったのです。

業者さんがつくっている古代米大福はツルツルシコシコ、全然つぶつぶがありません。どうしてつくるんだろうと思っていたある日、道の駅に納品に来た業者さんに尋ねてみたら、「古代米を粉にして使っているようだ」と教えてくれました

さっそく製粉所で古代米を粉にしてもらい、もちをついてみたら、私好みのきれいな古代米もちになったのです。

米ヌカを使えばカンタン

これをヒントに、かつてできなかった玄米もちもつくれると感じました。でも玄米をすべて粉にすると工賃もあるし、ムダではないか……。それよりも、玄米を精米すれば白米と米ヌカになる、それをまた合わせれば……、もとの玄米の形にはならないが、成分は玄米と同じ。これだと思いました。足し算と引き算の原理だ。精米したもち米と米ヌカを一緒につけば、玄米もちになる！

考えは的中、なめらかな市販品のような玄米もちの出来上がりです。

二時間足らずで一六〇袋完売

『現代農業』二〇〇九年十二月号「玄米特集」で、各地の人たちが玄米をつぶすために工夫している記事を読み、米ヌカを利用した自分の玄米もちは製品になると思いました。

そこで直売所で売り出すとともに、試食販売会を企画していただきました。玄米もちは、当地ではあまり知られていません。多くの人に味わっていただくことを目的に、ホットプレートを持ち込み、玄米もちを焼いて、お客さんに振る舞いました。

反応がよめずとても不安でしたが、焼くのが追いつかないほどで、用意した一二〇袋の製品も二時間足らずで完売でした。お客の数人に、どのようにしてつくったかと聞かれましたし、「香ばしくておいしい」「歯切れがよくて食べやすい」などの声もありました。

好評だったからもう一度ということで、二回目は一六〇袋用意して、これも二時間足らずで売りきったのです。

この調子だったらお店でもどんどん売れるかと期待したのですが、そうはいきませんでした。要は試食販売会の売り方がよかったからで、サービス心が旺盛な私は、玄米もちを二袋お買い上げいただいた方に、果報だんご用のあんこパックをサービスに付けたのです。それが魅力だったようで、お客の賢さをつくづく感じさせられました。

それでも当初の目的は達成でき、その後つくった玄もちも賞味期限内には売ることができました。販売は、もちがよく売れる年末年始を中心に、冬季のみにしました。また、年を通して有機玄米を届けているお客様に、ご愛顧のお礼として年末に玄米のしもちを届けて、喜ばれました。

私の玄米もちのつくり方は、これでいいのかどうかわかりませんが、誰でも簡単につくれると思いますし、私はつぶつぶがないほうが好きなので、このまま続けようと思います。

健康にいいものを求めるお客さんが多い時代、少しでもその要望に応えられるような商品を提供する喜びも感じています。

私の 玄米もちの作り方

❶もち米は洗ってから半日水に浸す。
❷もち米の米ヌカ（もち米の1割）は、ボウルの中で適量の水で湿らせ、しっとりボロボロ状態にする。
❸蒸し器に水を切ったもち米を入れ、その上に②の米ヌカをパラパラと散らして蒸し、もちつき機にかける。
※本来食用としない米ヌカを使うため、モミ、異物、ほこりなどはしっかり取り除く。精米機もきれいにしてから使う。玄米をサーッと洗って乾かしてから精米すればなおよい。

私の 古代米もちの作り方

古代米粉を使用する場合

❶もち米は洗ってから半日水に浸す。
❷古代米粉（もち米の1～2割）は、水を加え、耳たぶぐらいのやわらかさになるように練る。
❸蒸し器に入れたもち米の上に、練った古代米粉をちぎって載せて、一緒に蒸し、もちつき機にかける。

古代米玄米を使用する場合

❶もち米は洗ってから半日水に浸す。
❷古代米（もち米の1～2割）をビニール袋に入れて、水を少し加えて、空気を絞り出して半日置く（水を多く入れると、黒い色素が水に溶けだすので、最小限の水にする）。
❸②の古代米をフードプロセッサーにかけて砕く（粗くてもよい）。
❹もち米と③を一緒に蒸して、もちつき機にかける。

小さい加工に欠かせない道具たち

ステンレスの計量カップ。注ぎ口のわきからジャムが広く垂れ出すうえ、切れが悪い

たい焼きのタネ落とし。垂れることはないけど、小さな注ぎ口にジャムが集中するため飛び出し、量の調節が難しい。切れも悪い

水差し。口が広くて長く、反りがあるのがいいのか、とても使いやすい。1個400円くらい

二〇〇六年に、加工を思い立ったとき、すぐ保健所に行きました。豊富にある山菜と自家産の米や野菜、ブルーベリー、ルバーブを使って加工したいと相談すると、「菓子製造」「惣菜」「ビン詰め」の許可が必要とのこと。それにはかなりのスペースが必要だったのですが、納屋の改装という限られたスペースでいかにできるか、何度も保健所に足を運び、多くの制約の上、ひとつの施設で許可がおりました。

加工という目標を生きがいに

最初からたくさん加工品をつくって売り上げを伸ばそうなんて少しも考えませんでした。加工という目標を生きがいに楽しく暮らしていきたい。だから、加工器具も高価なものを揃えず、腰の弱い私でも持ち運べる鍋やボウルなど、一般の台所の延長といった感じのものを揃えました。

低いガス台が大正解！

九九ページにも書いたように、業務用のガステーブルはどれも高さがあり、鍋の上げ下ろしや煮詰め作業に不安や危険性を感じました。私の加工場では寸胴鍋用のガス台と、それと同じ高さのステンレス台を並べて、その上に移動できる業務用ガスコンロを置いています。見栄えはよくないけど、後々正解だったと大満足。とても作業効率がいいのです。

よその加工施設を見学したことがなかったことで先入観がなく、自分の体に合ったものだけを用意したのがよかったのかもしれません。

ジャムの充填作業に苦戦

そんな中でも、ジャムづくりは苦戦しました。煮詰めた熱いジャムを殺菌した熱いビンに一気に詰めなければならず、時間との闘い。頼りの小池芳子先生（小池手造り農産加工会長）の『手づくり食品加工コツのコツ1』（農文協）というジャムの本を加工場に持ち込み、ビンにジャムを詰める作業の写真に使われていたステンレスの計量カップで私も同じようにやってみたけど、出来上がったジャムの質が違うためでしょうか。うまく流れず、次々とビンの口を汚してしまいます。

計量カップを持つ手は耐熱手袋をしていても熱いし、一人作業なのでカップを手離してフタをしなければならず、時間がかかり、散々でした。一人と複

アップルピーラー。ハンドルをくるくる回すと皮がラクにむける

数の作業ではまるで違うことを思い知らされました。

次に使ってみたのは、たい焼きのタネ落とし。柄があるので熱くないし、注ぎ口も幾分長く、わきからの垂れ落ちがないからこれで決まり！と思いました。しかし作業をしてみるとリンゴのツブツブが口をふさぎ、圧力がかかると、ピョンとジャムが飛び出してビンの口を汚してしまい、これもダメ。

水差しで一気に解決

それでも何かないかと探すうち、小清水正美先生の『食品加工シリーズ⑧ジャム』（農文協）という本を見ていたら、プラスチックの水差しのようなものを使っている写真が目にとまりました。これだったらいいかもと、厨房器機店に行ってみましたが、それらしいものはありません。もしやと思い、ホームセンターに行ってみると、園芸用品の売り場に本の写真とそっくりのものが売られていたのです。

これだ！と思ったけど、はて？これは食品に使えるのか、殺菌できるのか疑問に思い、店員さんに聞いてみると「直火にしない限り大丈夫」とのこと。買い求めて使ってみると、これまでの苦労が一気に吹き飛んでしまうほどの優れもの。ビンの口をほとんど汚すことなく、ジャムが流れるようにビンに収まるのです。しかも一ℓ入りで目盛り付きなので、調味料を計量するのにも便利です。数個用意して各作業用に使い分け、私の加工になくてはならない道具です。

アップルピーラーは、半信半疑で買って使ってみると、おもしろいようにリンゴの皮がむけて、これまでのナイフでの皮むきに比べると数分の一の時間ですんでしまい、思わぬ拾いものでした。

台に付いている針の山にリンゴを刺してハンドルを回すと、リンゴがクルクル回り、ピーラーが上下するだけの簡単なもの。七〇〇円台という安価な価格で、それ以上の仕事をしてくれるのでとても重宝しています。

（二〇一〇年四、五、六、七、八、十一月号、二〇一一年一月号、二〇一三年十二月号に掲載）

千葉さんはおもに4種類の包丁を使い分けている。❶もちやようかんを切るときに使用。ホームセンターでスイカ包丁の名で売られていた。❷菜切り包丁は一番よく使う。シイタケや茎ワカメをさくさくと切る。❸刃の厚いペティナイフ。ジャム用のリンゴを切る。❹薄刃のペティナイフ。容器に流し込んだようかんの縁に切れ目を入れる。

菜園修業中、加工もフル回転

栃木県那須塩原市●渡邉智子さん

洗いイモとサトイモの味噌あえと筆者。主に父と2人で約7反の畑を耕し、野菜を主に漬物と惣菜に加工して売る。加工品と野菜の年間販売額は約800万円。加工品一覧は118ページ

洗いイモと味噌あえでサトイモを売る

寒い朝は、早起きして出荷の用意をするのが辛いときもあります。そんなときも、直売所へ足を向けてくださるお客様のことを考えると励まされ、頑張ることができます。

心を込めて吊るし雛づくり

三年前から、直売所が入っている道の駅店舗の仲間たちや地域の有志の方たちに助けていただいて、ちりめん細工の吊るし雛をつくってロビーに飾っています。寒い時期に足を運んでくれるお客様になごんでもらいたくて、なんとか二月初旬に間に合うよう、追い込みをかけます。

サトイモは皮をむくと売れる

一月、二月は出荷できるものが限られ、郷土料理のしもつかれ（一一五ページ）と、秋の間に土の中へ保存しておいたサトイモなどを出荷しています。

寒い時期にサトイモ料理はよく合いますが、下ごしらえに手間がかかります。手が冷たいのもつらいものです。そこで、洗って皮をむいて傷を削り、すぐに鍋に入れることができる状態にし、真空パックにして出荷します。

最初は、軽く洗って天日で乾かし、皮をつけたまま販売していましたが、他にもたくさんの生産者が出荷していますので当然売れ残ります。お客様の目に留まるには何か工夫しないといけません。洗って皮をむいて「洗いイモ」として売り出すことを思い付きましたが、野菜袋に入れただけだと夕方の売り場では赤茶けて、見るも無残でした。何かしなくてはと思い、厚みのある袋に水とイモを入れ、真空パック機でパックしてみると、変色はしませんがヌルヌルになり、ニオイも出てきます。水にミョウバンを少し入れてみましたが、イモが薄紫になったりして、とてもいい状態ではありませんでした。

その後、水を入れないで真空にしてみると、夕方まで変色もなく、ぬめりも少なく見栄えもよくなりました。

味噌あえを串に刺したら売れた！

昨年までは、そのサトイモが売れ残

手作り皮むき機で、洗いイモを作る

5分回して水を交換。2～3回やるときれいにむける

底に洗濯機の羽根が設置されている。上部には金具が付いていて、水を流してもイモが落ちないように受け止められる

手作りの電動皮むき機にサトイモと水を入れて回すと、イモとイモがこすり合わさって皮がむける

ると自宅で冷凍にしたり、仲間に配ったりしましたが、今年は味噌あえにして売り出しています。

春先はサンショウ味噌に、初秋からの新しいイモはゆず味噌あえにしています。

味噌あえにして時間がたつと水分が出て、トレイの底にたまります。見栄えが悪くなり、これではいけないと思っているときに、以前『現代農業』でサトイモのコロッケを読んだことがあったことを思い出しました。確か、つぶして片栗粉をつけて油で揚げていたと思います。煮たイモに少しの片栗粉をつけて油で揚げ、味噌で和えてみました。成功です。水分が溜まることも少ないし、味もよくなりました。

これはいけると思って売り始めましたが、思ったより売れませんでした。サトイモの味噌あえはそれほど美しい色合いではないからお客様の目に留まらないのかな…。手間をかけただけ損をしてしまうのかな…。

一週間くらいして、いつも手伝いに来てくれる姉が、味噌田楽の美味しいお店があるという話をしました。サトイモを串に刺して味噌をかけてあるそうです。

そうだ、うちのも串に刺してみようかということになり、大きめのイモ三個を串に刺し、三本入り一パックにしてみると、量はほぼ昨日と同じでも豪華です。思ったとおり完売です。もう嬉しくなって次の日は多く出荷してみました。これも完売。

いつもは捨ててしまう「かしらイモ」（親イモ）も、よく煮て同じように味噌和えにするとこれがまたおいしいことに気づきました。「洗いイモ」も、「かしら芋の味噌あえ」もよく売れています。

ネギやラッキョウに追肥

さてこの時期の畑の仕事は、小さな草を取り除くこと。ほとんど生えていないのですが、ナズナやカタバミ、ハコベなどが少しあります。この作業を怠ると春には恐ろしいほど大きくなって、ハコベなどは一kgぐらいの株になってしまいます。

秋まきのネギやラッキョウには追肥をします。最初、私が「追肥するといいらしいよ」と言っても、父は「元肥をいっぱいくれてるから、いらねえんだ」と言っていました。しかしその後、父が追肥してくれるようになり、やっぱり追肥したほうが出来がいいことがわかりました。葉ワサビとかき菜にも追肥をします。

追肥が終われば、そろそろビニールハウスに電熱をセットして、ナスやトウガラシ、レタスのタネをまく準備をします。

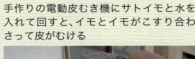

大きな梅を使った砂糖漬け

大きな完熟梅で 砂糖漬け

田植えが終わると、ジャガイモを掘ります。大きいイモばかりならいいのですが、五〇〇円玉前後の小さいイモはなかなか売れません。そこで、小さいイモを「味噌じゃが」に加工してみたところ、よく売れ、全部のイモが売れるようになりました。

味噌じゃがは、ジャガイモを皮付きのままゆでてから油で揚げ、味噌と砂糖のたれにからめたものです。ゆでてから揚げると、油で揚げただけより、外の皮はカリッとしていながら、中がしっとりします。新じゃがの香りもたまりません。

梅漬けは新ものと三年もので売る

ジャガイモを掘り終えると、梅を採って梅漬けを始めます。

わが家では、小梅と、白加賀や南高などの大きい梅をつくっていますが、小梅の塩漬けは早く漬かるのですぐに売ってしまいます。大きい実より早い新ものの梅漬けとして、お客様も喜んで買ってくださいます。大きい実の塩漬けは、一年目はほとんど出荷しません。色は少し悪くなりますが、三年ほど過ぎたほうが塩の味がまろやかになりおいしくなると思っています。

小梅の塩漬けの塩分は、小梅の果肉が少ないぶん一二％に減らしています。精製塩は使わず粗塩です。シソの葉も摘んで一緒に漬け込みます。塩分が少なめなのでカビが出ないように、漬けてすぐに冷蔵庫で保存します。

大きい実のほうの塩漬けは、実の大きさにより一五〜一八％の塩分にしています。

より大きな梅で砂糖漬け

大きい梅は、塩漬けのほかに、ちょっと珍しい砂糖漬けもします。より大きい実を使います。

砂糖漬けを始めたのは、市販されている砂糖漬けのおつまみ梅が好きだったからです。血圧が高いから塩分の高

梅の砂糖漬けの作り方

梅10kg
塩450g
フタと重石をして一晩塩に漬ける
上がってきた梅酢は別桶に分ける
梅酢
「紅ショウガ漬けの素」250mℓ
砂糖 3kg
1週間ほどで汁がたくさん出るので、砂糖が沈まないよう、よくかき混ぜ、フタをして冷暗所へ
1カ月ほどしたら漬けあがる。2〜3時間干すとよい
（甘いためハエが寄るので、晩秋になってから干している）

管理機で畑を耕す筆者。機械を扱う作業はまだ慣れない

い梅漬けは食べないという人も、これなら喜んで食べてくれます。

何とか市販の味を出したいと思い、試行錯誤を繰り返しましたが、三年くらいは失敗しました。ブクブクと泡が出て、重石がひっくり返ったこともありました。そうこうしているうちに、近くに住んでいる伯母が、お寺の茶会で漬け方を聞いてきました。その方法で漬けてみたところ、やっとある程度思っていた味になり、発酵して泡だらけになることもなくなりました。その方法は、酢酸が入った市販の「紅ショウガ漬けの素」を使うやり方で、酢酸で漬け汁のphが下がることで発酵しにくくなったようです。

私はそこにさらに工夫を加え、完熟梅を使い、砂糖の量を少し多くし、漬けあがってから二～三時間干すようにしています（作り方は右図参照）。

梅酢もシソの葉も使い回す

砂糖漬けのときに分けておいた梅酢は、食塩を足してシソの保存に使います。シソの葉は梅漬けやナスのしば漬けに使いますが、塩もみをしておくだけではカビが出るので、梅酢を入れて重石をたくさんのせておきます。

赤シソは塩漬けして販売もしています。ダイコンやカブの梅酢漬けをしたり、梅漬けにシソを入れ損なったりしたお客様が買ってくださるようです。

シソは植え替えると色がよくなる

シソの葉は前年栽培したところに勝手に生えてきますが、そのままにしておくと込みすぎて、下のほうの葉の色が悪くなります。そこで、別な畑にウネを作って植え替えます。畑に赤シソの芽がたくさん出てくると、父がウネを作って、「早く植えたほうがいいよ」と催促するので、どんどん植え替えます。

赤シソは短い期間で大きくなるし、大きくなったあとに着く実もシソの実漬けにできるので、直売所にはもってこいです。生の葉を枝ごと出荷もしていますが、人気があります。品種は昔から母が大切にしてきた在来種を栽培しています。ちりめんではなく丸い葉の種類で、色はちりめんにはかないませんが、香りがとてもいいのです。

父は昔から渓流釣りが大好きで、この時期にはよくでかけます。夕方まで畑仕事に頑張っているなと思ってると、夕食のときに「俺は明日、川に行ってくる」と言って、明朝五時にはもういません。

畑仕事に精を出す父。6月は大好きな渓流釣りの季節だ

キュウリとナスで冬向け漬物づくり

図1 キュウリの古漬けの作り方

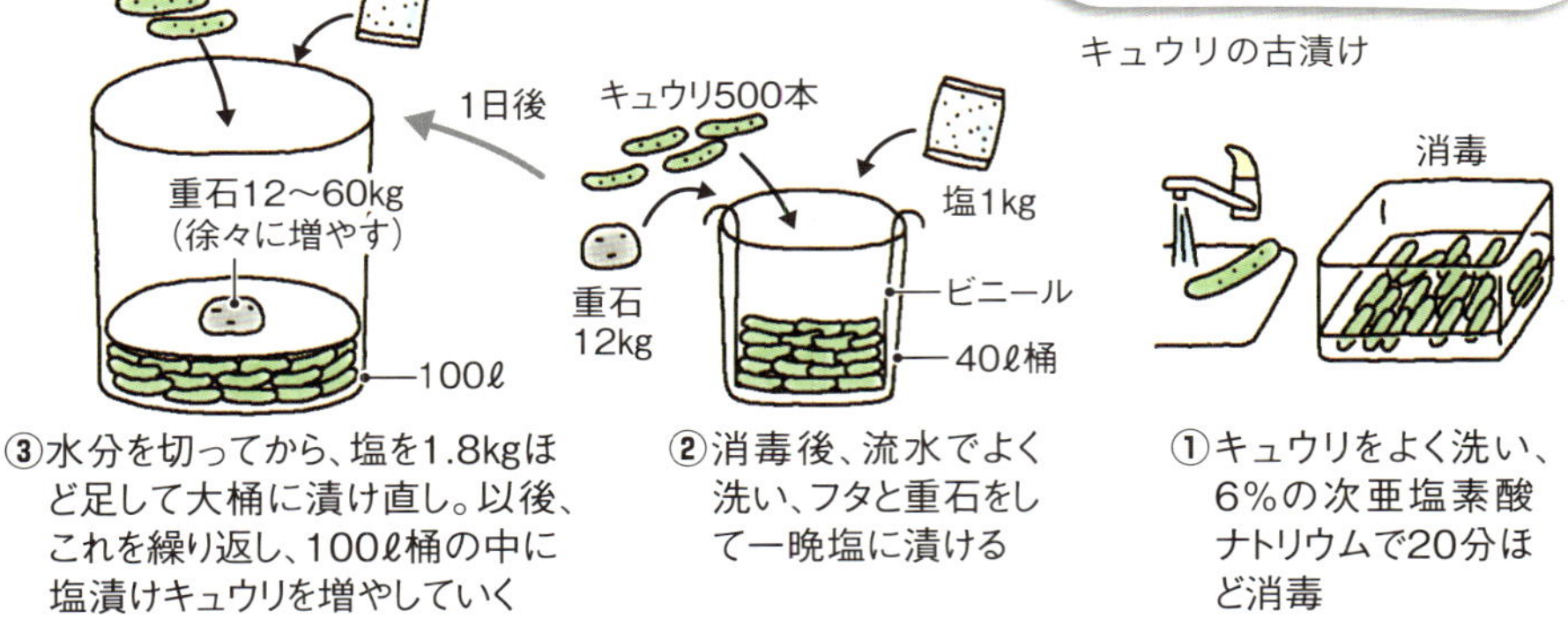
消毒
①キュウリをよく洗い、6%の次亜塩素酸ナトリウムで20分ほど消毒
キュウリ500本
塩1kg
重石12kg
ビニール
40ℓ桶
②消毒後、流水でよく洗い、フタと重石をして一晩塩に漬ける
1日後
一晩漬けたキュウリ500本
塩1.8kg
重石12～60kg（徐々に増やす）
100ℓ
③水分を切ってから、塩を1.8kgほど足して大桶に漬け直し。以後、これを繰り返し、100ℓ桶の中に塩漬けキュウリを増やしていく

キュウリの古漬け

キュウリの古漬け用の漬物桶。桶の中も外もビニールで覆い、なるべく空気に触れさせない

梅雨が明けると、収穫するものがたくさんあります。

畑に二〇〇株あるキュウリは、八月のお盆過ぎまで毎日五〇〇～七〇〇本とれます。そのうち一二〇～二〇〇本を浅漬けに、残りは古漬けにします

カビを出さずに漬ける

古漬けは最初、大きな桶でいっぺんに塩漬けにしていましたが、表面にカビがついてしまいました。今は、小さめの桶で一晩漬けたあと、本漬けの桶に移しています。よく洗い消毒したあと、ひとまず多めの粗塩と重石で水分を出し、それから大きな桶に粗塩を足して漬け直すというやり方です（図1）。毎年大桶四～五本分は漬けるでしょうか。この方法でカビは出ません。

ナスのしば漬けもカビなし

ナスは二日に一回、五〇〇～六〇〇本収穫します。そのうち一二〇本ほどは、焼きミョウバンなどの発色をよくするものを使って、丸のまま浅漬けにします。残りは週に二回ほど、しば漬けを作ります。

しば漬けも始めてから二、三年はカビが出て失敗しました。生の赤ジソと混ぜて漬けてみたり、キュウリの古漬けのように丸のまま漬けたこともありましたが、塩抜きをするとすぐにカビが出たりします。それに、水切りすると、スポンジのような歯ごたえになってしまったりと、失敗の連続でした。

今はナスを厚さ二cmくらいの楕円に切り（斜め切り）、粗塩だけで漬けます。こちらは三日間、小さめの桶に漬けて水分を出したあと、大きな桶に移します。塩は足さずに、フタと重石だけを載せておきます。その後、同様に小さな桶に漬けて水切りしたナスを大桶に継ぎ足しながら、徐々に重石を足していきます。なるべく動かさず、空気に触れないようにしながら、上がった水を切ることで、極力カビを防ぐようにしています（図2）。

化学調味料なしの素朴な味

台風の季節が終わって湿った空気が

図2　ナスのしば漬けの作り方

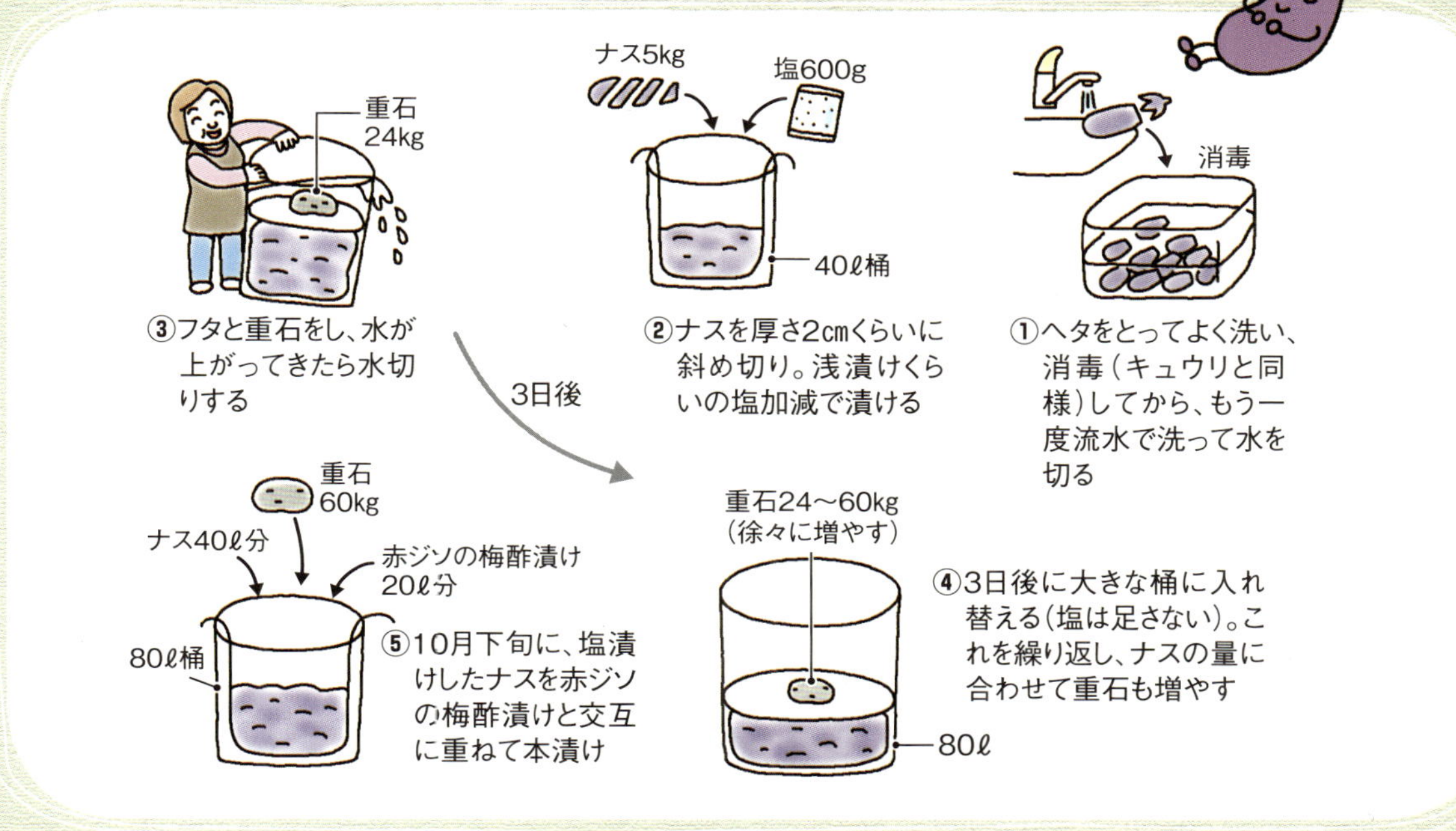
ナス5kg
塩600g
消毒
40ℓ桶
重石
24kg
①ヘタをとってよく洗い、消毒（キュウリと同様）してから、もう一度流水で洗って水を切る
②ナスを厚さ2㎝くらいに斜め切り。浅漬けくらいの塩加減で漬ける
③フタと重石をし、水が上がってきたら水切りする
3日後
重石24～60kg
（徐々に増やす）
80ℓ
④3日後に大きな桶に入れ替える（塩は足さない）。これを繰り返し、ナスの量に合わせて重石も増やす
重石
60kg
ナス40ℓ分
赤ジソの梅酢漬け
20ℓ分
80ℓ桶
⑤10月下旬に、塩漬けしたナスを赤ジソの梅酢漬けと交互に重ねて本漬け

こなくなる十月下旬ごろに、赤ジソを塩もみして梅酢と漬け込んでおいたものと重ねて本漬けし、寒くなるころに売り出します。封を切ってそのまま食べるより、細かく刻んで、醤油を少しかけて食べるのがおいしいです。京都の生しば漬けの味を目標にしてきましたが、私のしば漬けは素朴すぎて、あまり自信がありませんでした。

でも、道の駅の会合で、試食に出したしば漬けをレストランと菓子加工部の先輩が「いい味だね」とほめてくれたのが、なによりうれしかったです。化学調味料などで味を調節しない漬物の味をわかってもらえたことが、励みになりました。

失敗続きのニンジンのタネ播き

七月末から八月はじめはニンジンのタネまきをします。市販のコート種子を使っているのに、昨年の春まきも秋まきも、発芽が思わしくありませんでした。仲間にも聞いてみましたが、失敗したのは私だけのようでした。高冷地でカブやダイコンをたくさん栽培している先輩に相談すると「ニンジンは昔からタネを畑に持って行ってから畑を作れと言うんだよね」とのこと。昨年は父が畑の準備をしてくれたのに、私がタネを買い忘れて二、三日過ぎていたような気がします。父にその話を伝えると「ああ」とだけ。私が一度目にまいたときは三割くらいしか発芽しなかったのですが、そのあと父がまき足したときはほとんど発芽しました。それで、生育がデコボコになりました。父の話では、耕して時が経ってしまったら、マルチの穴を指で耕してからタネをまき、軽く手の平で押さえるのだそうです。「硬くて乾いたところにタネまいたら可愛そうだ」とも言われました。

「それも勉強だ」と父は言うけど……

今年は父がマルチを張ってくれる後から、すぐにタネをまきました。「今度はよく芽が出るよね」と言うと「出るといいけど……。去年は何度もまき足したな、そんでもあまりよくなかったな」。ちょっとしたことだけど大事なことはたくさんあると改めて思いました。「それも勉強だ」と父は言いますが、私はタネをまく前から「こんなふうに漬物に」と加工して売ることを決めているので、悠長にしてはいられません。

図3　カボチャの甘煮の作り方

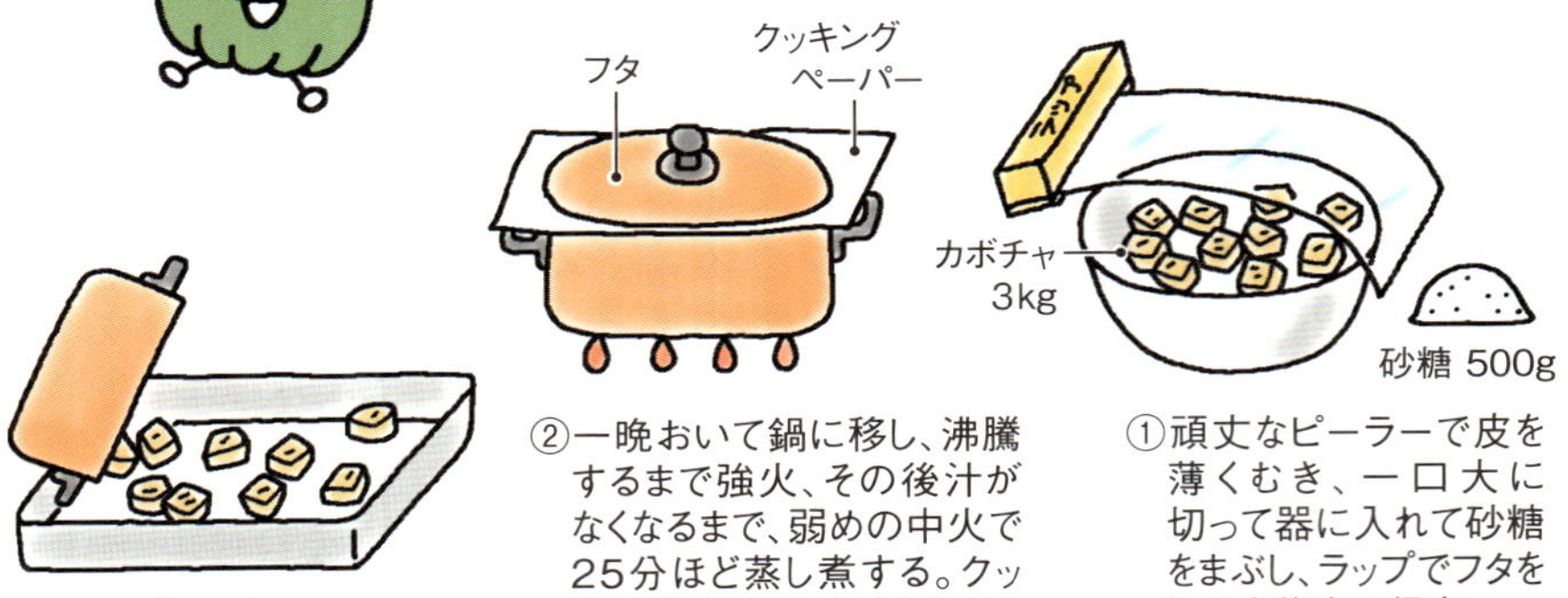

①頑丈なピーラーで皮を薄くむき、一口大に切って器に入れて砂糖をまぶし、ラップでフタをして冷蔵庫で保存

②一晩おいて鍋に移し、沸騰するまで強火、その後汁がなくなるまで、弱めの中火で25分ほど蒸し煮する。クッキングペーパーをはさんでフタをして、蒸気を逃がさず均一に蒸す

③味を均等にするため、熱いうちにバットなどにひっくり返す

かぼちゃスパッター（税込み48,600円）。包丁を下に下ろすだけで真っぷたつに切れる（野口鍛冶店 TEL0480-85-0422）

カボチャの甘煮と辛子味噌

カボチャの水分だけで煮た、甘煮

夏休みは大忙しです。私が出荷しているアグリパル塩原は、都会から那須や塩原へ避暑に来る方や高原の野菜をお土産にするお客様が増えるのでとても賑わいます。

朝早く畑へ行くと、ナスやキュウリ、シシトウなどの夏野菜が、収穫してほしそうに枝いっぱいに実をつけています。朝のうちに収穫し加工したり、そのまま生で直売所へ出荷します。

カボチャの香りを生かした甘煮

この時期、漬物以外で一番売れるのは、ゆでたトウモロコシです。

そのほか、カボチャの甘煮、ジャガイモの味噌炒めも出荷しています。暑いのでゆでたり炒めたりは大変ですが、野菜が豊富にあるし、お客様も多いので楽しいです。

カボチャは、白い皮のカボチャ（白い九重栗、カネコ種苗）を栽培しています。前日の夕方、薄く表面の皮をむいて一口大に切り、砂糖をまぶして冷蔵庫に入れておきます。皮を薄くむくと傷があっても気にならないし、色も鮮やかになります。朝には汁が出ているのでその水分だけで煮ます（図3）。

ラクに切れる！かぼちゃスパッター

ホクホクのカボチャは好評で、売り場では生のままほしいと言われるようになりました。初めは多く栽培していなかったので生では販売しませんでしたが、今は四分の一カットで出荷します（売れ残った場合は翌日煮て出荷）。

大きいものは実が厚くておいしそう

図4 辛子味噌の作り方

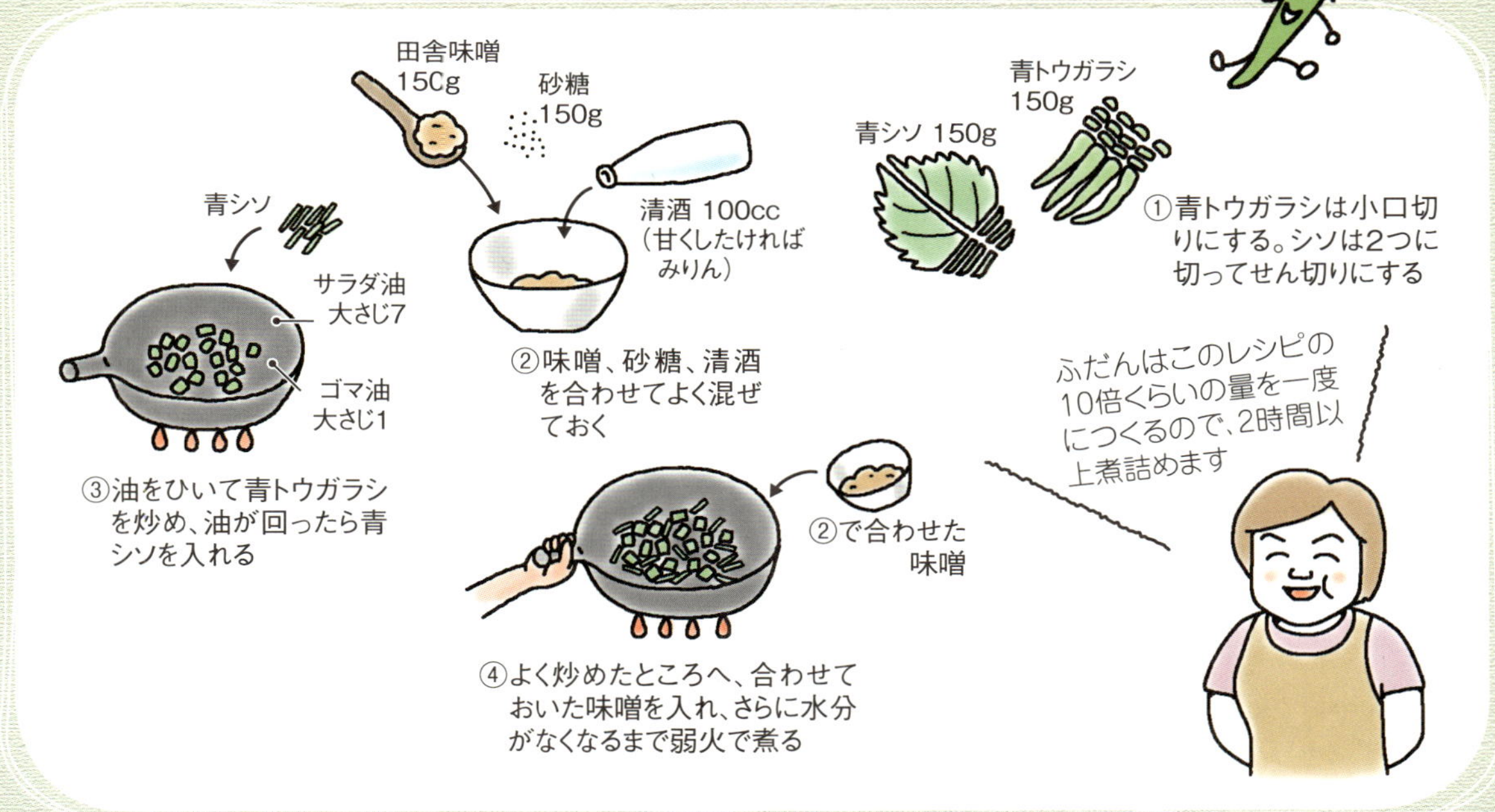
田舎味噌 150g
砂糖 150g
清酒 100cc（甘くしたければみりん）
青シソ 150g
青トウガラシ 150g
①青トウガラシは小口切りにする。シソは2つに切ってせん切りにする
②味噌、砂糖、清酒を合わせてよく混ぜておく
青シソ
サラダ油 大さじ7
ゴマ油 大さじ1
③油をひいて青トウガラシを炒め、油が回ったら青シソを入れる
②で合わせた味噌
④よく炒めたところへ、合わせておいた味噌を入れ、さらに水分がなくなるまで弱火で煮る
ふだんはこのレシピの10倍くらいの量を一度につくるので、2時間以上煮詰めます

ですが、少人数の家族では一個買っても後の処分に困りますし、切るのも力がいって大変です。

かくいう私も、毎日煮る分を切るだけで一苦労でしたが、あるとき、いつも手伝いに来ている姉が、埼玉県の鍛冶屋さんでかぼちゃスパッターという道具を作っていることを突き止めてくれてさっそく購入し、今はラクにカットしています。

暑い時期に辛子味噌

もうひとつの人気商品は、暑い時期に食欲の出る青トウガラシと青シソの味噌炒め。味噌よりトウガラシとシソをたくさん入れた辛子味噌です（図4）。

父の好物なので、昔から母がよく青トウガラシの味噌炒めを作っていました。トウガラシを長いまま炒めていたので、すごく辛いのと辛くないものがありましたが、父はそれをご飯の上にのせて少しずつ食べていました。

私は辛さが一定になるように、青トウガラシを刻んでいます。昔と比べると、もっと辛く、もっと甘くなるようにアレンジしているのですが、採り始めの時期はあまり辛くないので、辛さに合わせて鷹の爪を入れています。

秋になって青トウガラシと青シソがかたくなってしまったら、その年の辛子味噌は終了です。

今日精一杯働いたらそれでよし

八月は秋野菜のタネまきが待ったなしです。ダイコンは春まで漬物やしもつかれ（栃木の郷土料理）をつくるためにたくさんまきます。カブは普通の白いカブと赤カブをまきます。

お盆が過ぎると夜明けが遅くなって、いくら時間があっても足りません。夜明け前に、父とお茶を飲みながら話をします。「今日は何をやるの」と聞いてみると「キュウリのツルを片付けてダイコンをまくところを作るかな」とか「カブはどこにまくかな」などと言います。私の予定を言うと「そんなにできるのか」とか「ショウガの畑の草が実をつけていたぞ。早くとってしまいな」とアドバイス。短い時間ですが、その日の作業について話し合います。

夕方になり、間に合わなくなって私がため息をついていると、父が「あきらめな、今日精一杯働いたらそれでよし」と言いながら、私より早めにあがります。

歯ごたえ抜群 ハヤトウリのたまり漬け

ハヤトウリの実

九月。ずいぶんと日が短くなって、田んぼのイネも少しずつ色づき始め、月末には収穫を迎えるこの時期、農家の仕事は一段と忙しくなってきます。夏野菜の始末をして、冬の野菜の準備にとりかかります。

ダイコンのタネまき

遅れてはいけないのは、タクアン漬け用のダイコンのタネまきです。毎年同じくらいの日にタネをまくのに、大きくなりすぎてしまったり、細すぎることがあるのですが、九月初旬にはタネまきをします。昔は八月の末にまいていたそうですが、大きくなり過ぎて困るので、最近は少し遅らせています。

二〇〇〇本は干したいのですが、昨年は芽が出てすぐに二度の台風に襲われ、九〇〇本くらいしか収穫できませんでした。今年はちゃんと育つよう、祈るような気持ちでタネをまきます。ギリギリのタイミングでタネまきするので、失敗したからといってもまき直しはできません。

ラッキョウの植え付け

その次は仕立てておいたハクサイの苗を定植します。秋雨の合間にダイコンのタネまきとハクサイの植え付けが終了すれば一安心です。その後は大葉

ハヤトウリのたまり漬けの作り方

❶ハヤトウリを2つ割りにしてタネをとり、3～4㎜幅のいちょう切りにする。ショウガは薄切りして薬味として使う

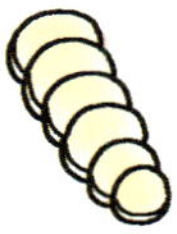

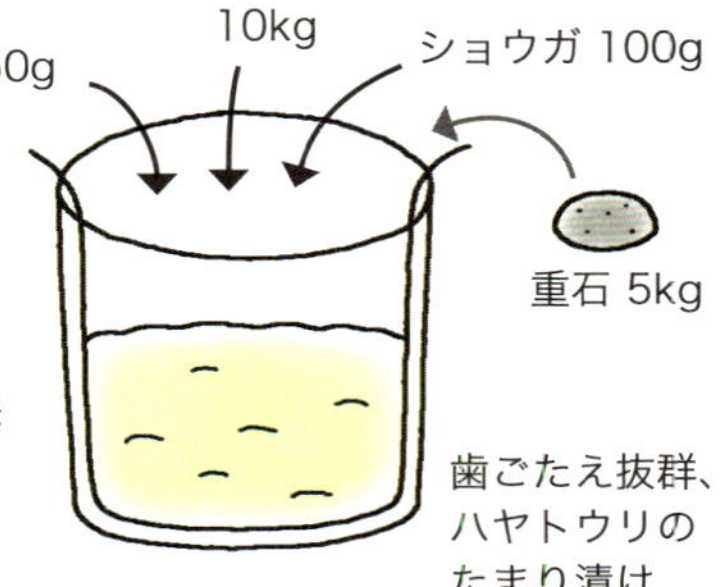

❷薄塩で一晩漬けて、水分を出す

❸水気を切って、たまり漬けの素を加えて5～6時間漬ける

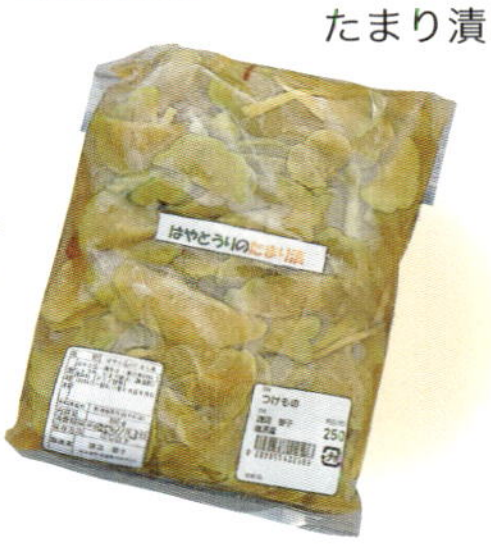

歯ごたえ抜群、ハヤトウリのたまり漬け

❹水気を切って、少しだけ漬け汁を入れて真空パックする

冬につくる 栃木の郷土料理「しもつかれ」と その材料

最近はつくる家も少なくなりました。とくに若い人は食べないようです。でもうちの家族はみんな大好きです。しもつかれは節分の豆と土の中に貯蔵しておいたダイコンとニンジン、鮭の頭を使い、初午の日につくります。鮭の頭はグツグツ半日ゆっくり汁がなくなるまで煮ます。節分の豆は皮を取り除きます。ダイコンとニンジンは鬼おろしで粗めにおろし、豆と鮭とゆっくり煮ます。最後に酒粕を入れて煮ます。翌朝冷めた頃が美味しいという不思議な食べ物です。

高菜の植え付けやカブ、タマネギ、赤ネギのタネまきをします。ラッキョウの種球も植えます。

ラッキョウは、八月十六日に植えれば一六に分球するという言い伝えがあり、以前は八月中旬にウネを立てて種球を植えていました。でも、耳かきくらいの細い株ばかりで、数えてみると三〇以上も分球していました。いつも上手に育てて出荷している直売所の仲間に相談したところ、九月十日ごろ植え付けることと、マルチをすることを教えてくれました。草取りも省けるし分球は少ないが球は大きくなるということでした。

さっそく昨年、実践してみると、やはり小さい球ができてしまうものがありましたが、一昨年よりはよかったです。納得のいくできばえではなかったのですが、くじけないで今年も昨年の通りに種球を植えてみるつもりです。

ハヤトウリのたまり漬け

この時期の直売所へ出荷する商品は、ミョウガやニンニク、ショウガ、ハヤトウリ、それぞれのたまり漬けと、秋ナス、ダイコン、ショウガ、キュウリ、シソの実、ニンジン、ミョウガを刻んだ醤油漬けです。

ハヤトウリは、四月に芽を出した実を、そのまま植えるだけでツルが伸びて、夏から秋にかけて、とりきれないほどの実を成らせます。漬け方はかんたんで、細かく刻んだものをショウガの薄切りといっしょに一晩、たまり漬けの素に浸け込むだけです。歯ごたえがよく、とてもおいしい漬物です。余った分は、塩と重石をして古漬けにし、ハヤトウリが出回らなくなる十二月ごろに塩抜きします。キムチの素を混ぜるだけで、これまた歯ごたえよく食べられて人気です。

お彼岸前にゴマの刈り取り

中旬から父はイネ刈りの準備をします。コンバインや乾燥機のエンジンをかけてみたりしています。機械のほうを向いたままで、「お彼岸になるからゴマを刈り取ったほうがいいぞ」と言うので、刈り取った束を結ぶためのイナワラを持ってゴマの畑に行くと、いつの間にか父が来ていて、すでにイナワラで結ぶ作業をしています。

ゴマには大きなイモムシが付く話をしながら一緒に束を担いでみると、思ったより長い上に、重いのです。「重いね」というと、父が「昔は死人を担ぐように重いと言ったそうだ」。私は実がたくさん付いているにちがいないと思って、うれしくなりながら父の後について行きます。

栽培したものを売り切ると最高の気分

直売所の前で筆者。畑は減農薬で、有機肥料をたっぷり使う

平成十四年に母屋の隣に漬物の加工所を建てましたが、当時は勤めており、母が梅干しを漬けてときどき直売所へ持って行く程度でした。それから三年後に惣菜加工と仕出しの施設もつくりましたが、その時点では施設をどのように活用するかという考えもあまりなく、退職してからと、ただ漠然と思っているだけでした。

茹でたあと冷水に浸けた

2時間ほど経っても、シワシワにならない

茹でてそのまま置いた

2時間ほど経過すると、シワシワ

年間売上二〇〇万が七五〇万に

農業はもともと兼業で、父も六〇歳までは会社員。七五歳を過ぎて、朝早くから黙々と野良仕事に励んでいる父の姿を見ると、申しわけないような気がして仕方ありません。私も跡とりとしていつかは畑仕事をしたいとは思っていましたが、果たして生活できるのかという不安もありました。結局、この辺が潮時かなと、平成二十年に、子供たちが社会人になったのを機に、思いきって五〇歳で退職。

現在は耕作面積二haで、水田（農協出荷が主）と加工品や野菜の直売を主にしています。昨年の総売り上げは七五〇万円程度です。退職する以前は米と直売所の売り上げで二〇〇万円ほどでした。

まずは母に漬物を教わって販売

さて、今日から農業をしようと思っても、トラクタも乗れないし、草刈り機も鎌も鍬も使ったことがない始末で、タネまきすらまともにできませんでした。まずは、父に畑仕事を教わりながら、母に教わった漬物を直売所に持って行くことになりました。そのうち、少しずつジャガイモやインゲンなどの生野菜も売り始めました。

私が出荷している直売所「アグリパル塩原」は那須温泉と塩原温泉のちょうど中間に位置します。ご来店のお客様の六割が観光目的の方です。

とれたてトウモロコシをゆでて販売

夏になって、トウモロコシを直売所

ご飯がすすむこと間違いなし

卵かけごはんに少しのせ、いただく。おいしい、ペロリと食べてしまう。

ネギとトウガラシの醤油漬け

材料

長ネギ…………………7～10本(500g)
赤トウガラシ……………………………10g
醤油…………………………………150cc
きざみコンブ……………………………少々

作り方

❶赤トウガラシを軽くミキサーにかけ(粗切り)、ふるいにかけてタネを除く
❷きざみコンブをハサミで1㎝くらいに切る
❸①と②と醤油を混ぜておく
❹長ネギを小口切りにして、③と混ぜる

パックに詰めて直売所で販売したところ、大ヒット

に出荷しましたが、時節がら数も多く入荷しており、売れ残る日が続きました。食べてみればこんなにおいしいのに……。売れると思ってたくさん作付けしていました。

そんなとき、手伝いに来ていた姉が「家には大きい鍋がなくて丸ごと茹でられない」というのです。なるほど、普通の家庭にはあまり大きい鍋はないことに気づきました。だったらとりたてをすぐゆでて熱いうちに出荷してみたらどうだろう……。

冷水につけてシワシワ解消

姉と話し合って、朝どりを大鍋でゆでて、扇風機で粗熱をとり、一本ずつ袋に詰めて十時半頃出荷してみました。午前中のおやつの時間を見計らって、熱いうちに売れるようにしました。トウモロコシは旬の時期は生で一本八〇～一〇〇円なので、最初は一本一三〇円で五〇本出荷。結果は大成功。一時間ほどで完売いたしました。

粒がシワシワになってしまうことが気がかりでしたが、母がご近所で聞いてきた、冷水にちょっとつける方法で解決しました。

皆の力で大成功。九月いっぱいまで日にちをずらして栽培し、すべてゆでて出荷しました。栽培したものを売りきった気持ちは最高でした。普段寡黙な父もとても喜んでくれました。

その後、直売所の店長が、お客様は触ってみた時に温かいほうがいいみたいですよとアドバイスをくれました。それからは熱いうちにラップで包むことにしました。一本ずつラップに包んでから、袋に詰めています。ゆでてあっても商品を手にとって見ることができますし、食べ残したときに袋に戻せるのでドライブ中にも困りません。仲間に、熱いうちにラップで包んだらすえたニオイが出ないかと聞かれたことがありますが、ザルなどに上げておくよりも劣化するのが遅いようです。

夏休み中は平日は一〇〇本ほど、お盆などお客様が多い時期は、朝とお昼頃と午後二時頃の三回出荷して一日で二〇〇本ほど売ります。一本一三〇円から一五〇円で、売れ残りはほとんどありません。

(二〇一二年七、八月号、二〇一三年七月号、二〇一四年一、六、七、八、九月号に掲載)

渡邉智子さんの加工品カレンダー

■部分は出荷期間

加工品	1月	2月	3月	4月	5月	6月	7月	8月	9月	10月	11月	12月
ダイコン漬物（梅酢、甘酢、たまり醤油、なます）	■	■	■	■	■	■	■	■	■	■	■	■
ネギとトウガラシの醤油漬け	■	■	■	■	■	■	■	■	■	■	■	■
梅干し	■	■	■	■	■	■	■	■	■	■	■	■
ハクサイ塩漬け	■	■	■	■	■		■			■	■	■
ニンジン松前漬け	■	■	■									■
ナスしば漬け	■	■	■	■								
赤カブ甘酢漬け	■	■	■	■								
キュウリ古漬け	■	■	■	■								
たくあん漬け	■	■	■	■								
しもつかれ（郷土料理）	■	■	■	■								■
洗いサトイモ	■	■							■	■	■	■
タカナ醤油漬け		■	■	■	■							
タカナ古醤油漬け			■	■	■							
ラッキョウ入り松前漬け				■								
花ワサビ醤油漬け				■								
軟化ウド味噌炒め					■							
茎ワカメ油炒め					■	■	■					
漬物３種詰め合わせ					■	■	■	■				
キャラブキ						■	■					
カブ塩漬け、梅酢漬け、たまり漬け						■	■	■				
みそじゃが						■	■	■	■	■	■	
ナス塩漬け						■	■	■	■			
キュウリ塩漬け							■	■	■			
半白キュウリ塩漬け							■	■	■			
青トウガラシと青ジソの味噌							■	■	■			
ニンニク醤油漬け							■	■	■	■	■	■
夏野菜のピクルス							■	■				
ゆでトウモロコシ							■	■	■	■		
カボチャの甘煮								■	■	■	■	
焼肉のたれ								■	■	■	■	■
青トウガラシ醤油漬け								■	■	■	■	■
ミョウガ、ハヤトウリのたまり漬け、甘酢漬け									■			
サトイモの柚子味噌田楽									■	■	■	■
大学イモ										■	■	■
食用ギクの甘酢漬け										■	■	
カブ甘酢漬け												■

Part 4

小さな加工に向く道具

実際に使っている農家が教える、加工や保存に便利な道具いろいろ

野菜の栄養素を壊さず搾ることができる低速ジューサー（一二〇ページ）

撮影・黒澤義教

搾る

ジューサーでここまで違う青汁

千葉県成田市●浅野九郎治さん

レモン汁とオリーブオイルは青汁にもニンジンジュースにも必ず加える。レモン汁は抗酸化作用の他、ニンジンに含まれるビタミンCを壊す酵素を不活性にする効果もある

顧みると約五〇年前、農林省に入省、地域農試に配属されて二年が経過した矢先、体調を崩し、地元の総合病院に入院した。検査の結果「肝硬変症」と診断された。主治医に相談すると、「回復の見通しは立たないが、二〇代の肝硬変症で世界でもっとも長生きした事例は五五歳であるとギネスブックにあるので希望を持ちなさい」と励まされた。

青汁との出会い

失意のどん底から這い上がるため、肝臓病に関する情報、治験例を手当たり次第に読みあさるうちに、民間療法の機関誌で、ケール等の青汁が肝臓病に有効であることを知り、ワラをも掴む思いで青汁を飲み始めた。当時はまだジューサーを持っておらず、もっぱらすり鉢、すりこぎで悪戦苦闘したことを思い出す。ケールは空き地を探して自分で栽培し、キャベツ等青野菜で補完、毎日欠かさず飲み続けた。その後小康状態を保ちつつ、徐々に体調は回復し、東京霞が関に転勤する機会に浴した。

青汁の効能をいち早く医療現場に取り入れたのは倉敷中央病院の遠藤仁郎博士で、その著書や臨床事例を拝見する度に、これまで青汁を選択したことは間違いではなかったと、青汁に一層のめり込むことになった。

連日「青汁スタンド」通い

当時東京では銀座や新橋に青汁スタンドが営業されており、昼食時には毎日欠かさず、霞が関から銀座まで地下鉄で通い続けたものである。銀座の青汁スタンドは、東京における青汁の草分け的存在だった。客の中には私のように難病を克服した人も多く、体験談を語り合うのはかけがえのないひと時になっている。青汁スタンドには長きにわたりお世話になり、私にとっては正に命の恩人と感謝している。

喜寿を通過、青汁で乾杯

本年二月に満七八歳の誕生日を迎え「喜寿」を難なく通過することができた。五〇年前に「君は五五歳まで長生きできるかもしれない」といっていた主治医の顔を思い起こしながら、家族と青汁で乾杯した。

毎年の健康診断でもこれといった異常はない。遠藤博士によれば「青汁の愛用者は飲んでいない者に比べて一〇歳程度若い」そうだ。

撮影・黒澤義教

ツインギア式低速回転ジューサー

石臼式低速回転ジューサー

高速回転ジューサー

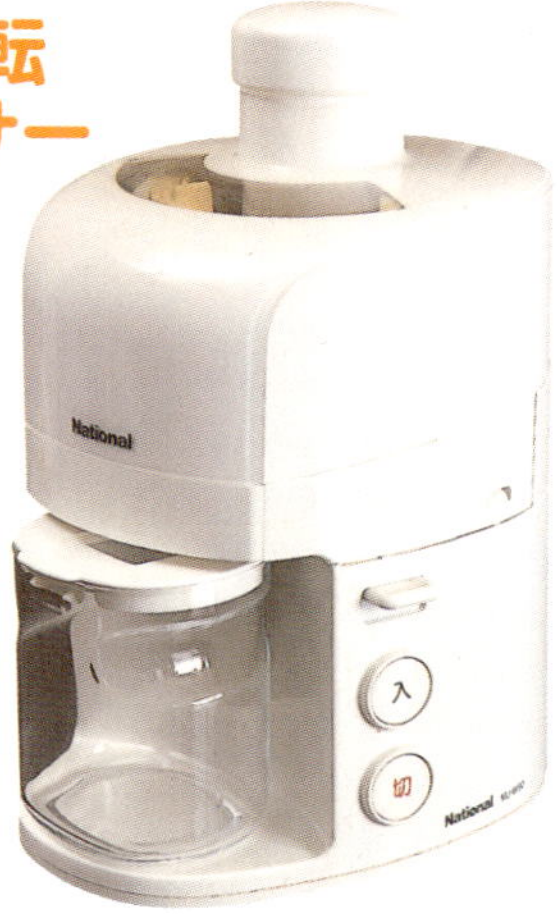

素材にこだわるうちに農家になった

青汁を自前でつくり、飲み続けたいとの動機もあって、七年前から息子とともに農薬や化学肥料にまったく依存せず、微生物を活用した有機農業に取り組んでいる。作物はケール、コマツナ、ブロッコリー、ホウレンソウ、ニンジン、トマト等。旬を活かしてジュースにも積極的に取り入れている。

健全な野菜をつくるために堆肥、ボカシは多種の植物性有機資源と好気性微生物を利用した自家製。野菜は定期的に分析を行ない、硝酸態チッソに注意を払っている。

ジューサーのタイプと性能

青汁、野菜ジュースに含まれるビタミン、ミネラル、酵素等を効率よく活用するためには、ジューサーの性能をよく理解し選択する必要がある。現在市販されているジューサーには電動式、手動式、高速回転式、ツインギア式低速回転、石臼式低速回転等、多種多様な製品がある。　私のささやかな体験によれば、

①高速回転よりも低速回転のジューサーが望ましい。回転が速いとそれだけ摩擦熱が発生し酸化しやすく、栄養素が破壊され、変性する。

②石臼式はニンジン、トマト、ケール等、利用範囲は広いが、ケール等の繊維質が多い葉物は、搾りカスの排出口が詰まりやすく手間取ることがある。

③ケール等葉物類は、ツインギア式を用いると、特有の苦みが軽減されて飲みやすい。しかし仕上げにガーゼ等で手搾りが必要で手間がかかる。またニンジンなど固いものはスライスしないと投入できないのも難点。

このように各々一長一短がある。

私はケール等の葉ものはツインギア式で、ニンジン、トマト、リンゴ等は石臼式と使い分けている。

青汁やジュースは毎朝食時に二〇〇g以上を摂取し、ケール、コマツナの青汁を飲んだ翌日には、ニンジン、リンゴ、トマトのジュースを飲むことにしている。いずれにもレモン（国産を二分の一個）とオリーブオイル（小さじ一杯）を加えて飲む。レモンは抗酸化作用のため、オリーブオイルはビタミン類を吸収しやすくするためである。

健康づくりは他人任せではなく、自らの手で実践する他はなく、医食同源を手本に最大の関心、英知を結集させるべきである。青汁や野菜ジュースは健康づくりの原点であり、一人でも多くの方に関心をもっていただくことを望んでやまない。

（搾りくらべは次ページ）

筆者。千葉県山武市で息子と無農薬・無化学肥料で野菜を生産（＊）

三タイプのジューサーでケール搾りくらべ

私が普段愛用している石臼式低速回転ジューサーとツインギア式低速回転ジューサーに、一般的な高速回転ジューサーも加え、ケールの搾りくらべをしてみた

高速回転ジューサー

おろし金のような円盤状の刃と網が内蔵されたドラムが5000～12000回転／分。遠心分離により網の内側に搾りカスがへばりついて、エキスだけ流れ出る。大量に搾る場合はカスをとらないと詰まる

材料を投入口から入れて、押し棒で押し込む。200ｇのケールが1分ほどでジュースになった。とにかく早い早い

200ｇのケールから60㏄の青汁しかできない。搾りカスは小皿に山盛り！

石臼式低速回転ジューサー

材料は高速回転ジューサーと同様に投入口から入れて、押し棒で押し込む。ジュースの出口と搾りカスの排出口が別になっている優れもの

スクリュー（石臼）がゆっくり80回転／分。ブレード（網）がカスとジュースを分離。音はとても静か～♪ 200ｇのケールが3分かかった

泡が多くてわかりづらいが、青汁は約100㏄。出てきた搾りカスはご覧のとおり少ないが、じつはスクリューとブレードの間にけっこうカスが挟まっていた

撮影・黒澤義教

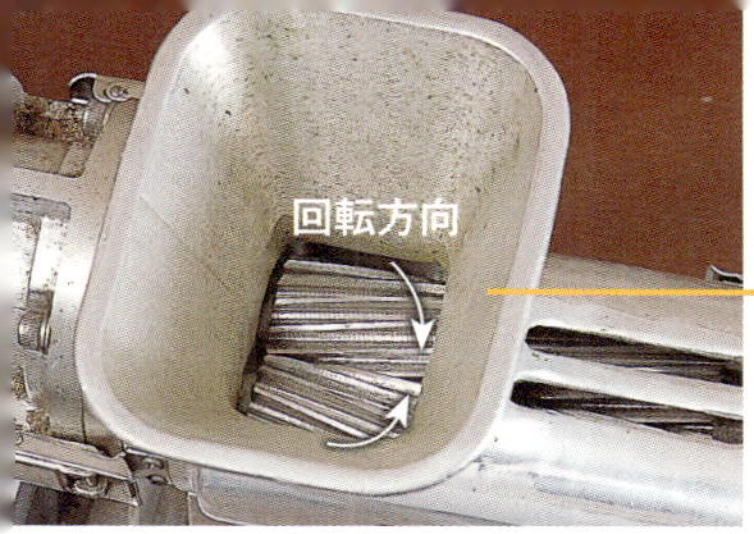

96回転／分。2本のロールギアが巻き込んで圧搾する。ニンジンなどはスライスしないと入らないのが難点。圧搾時間は200ｇのケールで約1分30秒かかった。ロールギアはかんたんに抜けるので掃除は意外とラク

ツインギア式低速回転ジューサー

13年前に購入したもので、石臼式を買ってからは物置にしまっていた。久しぶりに使ってみたら青汁の味がピカイチだったので、最近はほとんどコレ。ジュースとカスが分かれず、ドロドロのケールが出てくるので、ガーゼで受ける

ここからガーゼで手搾り。この作業がなかなかたいへん！

できたジュースは80ccくらい。カスは多いが高速回転ジューサーよりは少ない

ジューサー搾りくらべ

編集部まとめ

	①高速回転	②石臼式	③ツインギア式
作業時間	速い	遅い	手搾りまで含めると一番遅い
音	うるさい	静か	静か
手間	カスの除去必要	カスの除去たまに必要	カスの除去不要 手搾りが大変
カスの量	多い	少ない	中くらい
ジュースの量	少ない	多い	中くらい
味	★	★★	★★★
材料の大きさ	投入口に入る大きさならOK		ニンジンなどは スライスしてから
価格	1～2万円	4～7万円	7～10万円 （手動式2～3万円）

注）浅野さんの手持ちのジューサー（②③）と持ち込みのジューサー（①）で実験。各メーカーより性能がアップした新型が出ている。③にはカスが分離して手搾りが不要なタイプもある。

〈今回使ったジューサー〉

①高速回転「ナショナルジューサー MJ-W90」
②石臼式低速回転「ドリームジューサーヒューロムⅡ」
③ツインギア式低速回転「スズキのジュースマシン」㈲鈴木糧食研究所 TEL.042-759-5571）

（以上の記事は2012年5月号掲載）

洗う

ショウガ洗いに高圧洗浄機

千葉県山武市●松下信也さん

夫婦そろって冷え症だったということもあり、就農当初からショウガをいつでも食べられるように自分のショウガで加工品を作りたいと考えていました。

家庭用がおすすめ

加工品の原料にするショウガは畑から掘り出した後、高圧洗浄機で泥を洗い落とします。ショウガは形状が複雑なのでブラシでは洗い切れません。

高圧洗浄機はホームセンターで売っている一万円台のもので、圧力は最大九MPaです。素手だと水圧で痛いのでゴム手袋を着用します。水道の蛇口との接続も簡単で、あとは家庭用電源があれば使えるので設置もラクです。

家庭用高圧洗浄機はコンパクト・低価格で取り扱いが簡単なので、小規模農家にはおススメです。

コンテナなども洗える

洗浄ノズルが長いため、長時間使用する時はホースを天井で吊るすと腕に負担がかからずラクです。このとき、トリガーは結束バンドで固定して常時水が噴射されるようにし、オン・オフは本体の電源スイッチで行ないます。メーカーによっては短いノズルがあるようなので、そのほうが使いやすいかもしれません。水圧はノズルの先端部分を回して調整でき、最大圧力にしています。近づけすぎるとショウガが削れてしまうこともあるので、離して使っています。

高圧洗浄機だけでほとんどの泥汚れは落ちますが、加工用の場合は念のためニンジン洗い機で仕上げ洗いをしています。

高圧洗浄機は、ショウガのほかにも、マルシェ販売用のニンジンやラディッシュ、小カブ等の野菜や、トラクタやコンテナなども洗えるので重宝しています。

（二〇一三年十二月号掲載）

ショウガのスライスに使っている電動スライサー（イワタニの「あっとスライス通」）と、パウダーにするために乾燥させるのに使っている「ドライフルーツメーカー」。いずれも家電量販店で購入できる

しょうがパウダー 600円、しょうが塩ダレ700円、しょうがシロップ700円（いずれも税込み、送料別）
サンバファーム　http://www.sanbafarm.com

ケルヒャーの
家庭用高圧洗浄機
型式　K2・360
最大圧力　9 MPa

自作のショウガ皮剥《は》ぎ木

高知県高知市●車 喜代志さん

高知市北部でジンジャージャムを作っています。ショウガをジャムにするには、皮を剥いだショウガをすりおろし、砂糖を加えて煮るのですが、皮剥ぎがとても大変でした。タワシで下洗いして土を落としたショウガを、ひとつひとつ包丁を使って皮を剥いでいました。一回に鍋に入るショウガ一〇kgの皮を剥ぐのに三時間もかかりました。

三時間が三〇分に

「オール手動式皮剥ぎ木」と呼んでいる自作の道具を使うようになってからは、その工程が三〇分でできるようになりました。今まではジャム作りで一日かかっていたのが、その後の工程も含めて半日でできるようになりました。

「松の枝でイモ洗い」がヒント

この道具を作ったのは、地元の農家がイモ洗い用に使っていた松の木の枝がヒントでした。その農家は、四方に枝が伸びている松の木の枝を切ってきて、イモを入れた容器に突っ込んで洗っていたのです。私も真似ようとしましたが、なかなか適当な枝ぶりの松の木が見つからず、自作することにしたのでした。

日本で初めて、1999年から作っている本格派ジンジャージャム。100ｇ315円、230ｇ630円

「オール手動式皮剥ぎ木」でショウガを攪拌して皮を剥がしているところ

皮剥ぎが終わったショウガ。この状態ですりおろす

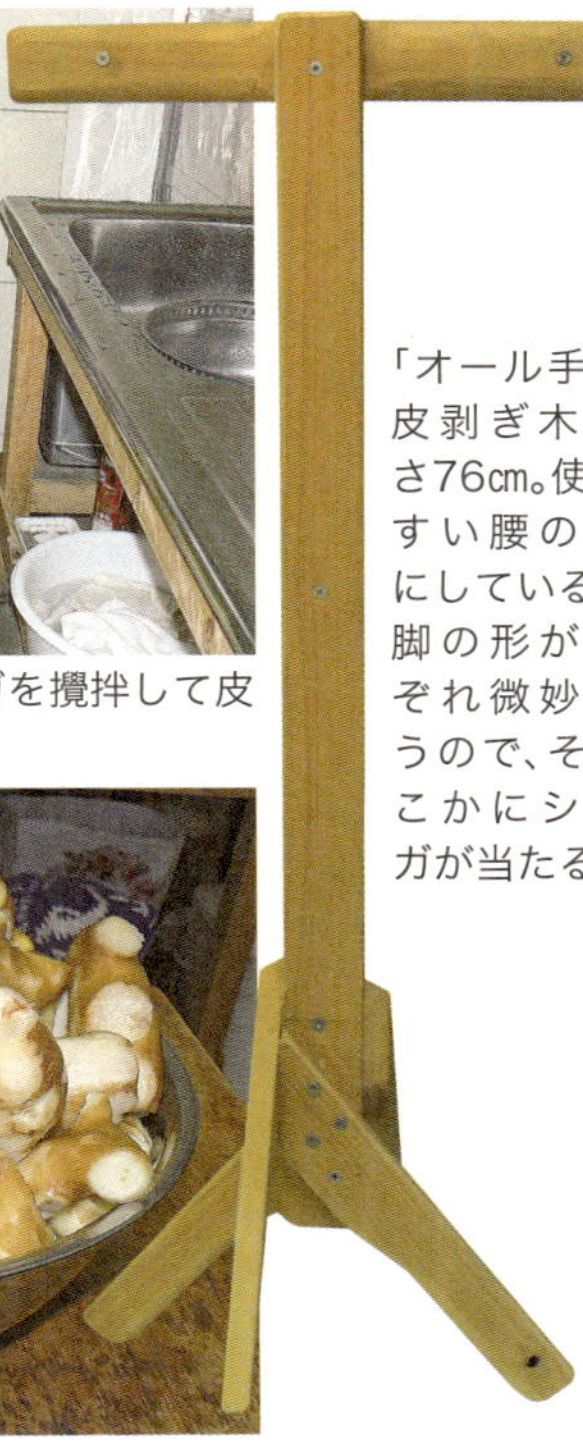
「オール手動式皮剥ぎ木」。高さ76㎝。使いやすい腰の高さにしている。脚の形がそれぞれ微妙に違うので、そのどこかにショウガが当たる

「オール手動式皮剥ぎ木」の材料はヒノキ（板三枚）です。それとステンレスのネジと木工用のボンドで支柱を作り、そこに四本の脚をネジとボンドで対角に固定しました。この四枚の脚の形を少しずつ変えることで、ポリバケツに入れたショウガに脚のどこかが当たるので、均等に力が加わり、ショウガを傷めません。

この道具は自然の松の木にならったシンプルなもの。力もそれほどいらず女性にも使いやすいです。もうひとつ、密かに満足し自慢に思うことは、原材料をすべて使い切っていることです。ヒノキの板三枚をひとかけらも残すことなく、撥ね材を出さずに仕上げました。板取りがうまくいったときに、やりとげた達成感を感じます。

（二〇一三年十二月号掲載）

フライパンの底に穴があいていて、その上にゴミ落下防止の金網が張ってある。穴があいていることで直火焼きとなるせいか、10分足らずでクリが焼ける

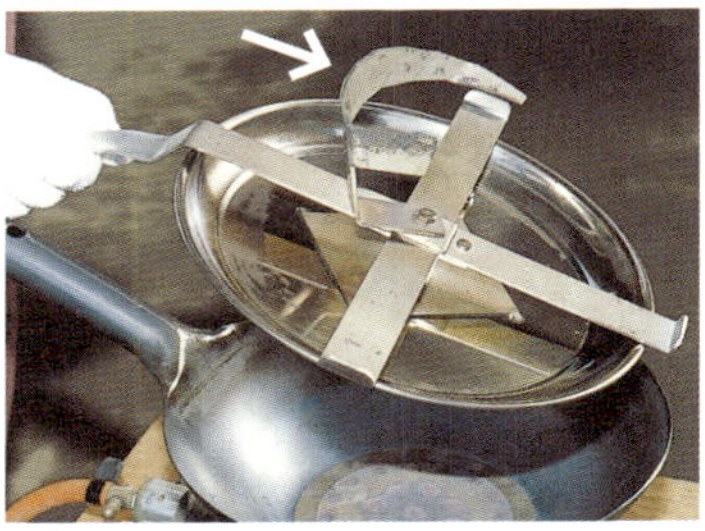

フタをひっくり返したところ。クリをかき混ぜるツメが付いている。フライパンの商品名「コロコロふっくりぱん」フタとセットで16972円。フライパンのみは3066円（いずれも税込・送料別）

焼く

フライパンで焼き上がったクリ「ぽろたん」。きれいに口をあけ、焦げ目のついた黄色い果肉が食欲をそそる

穴あきフライパンでぽろたんの消費拡大

新潟県五泉市●桐生忠教さん

クリの栽培は一八歳からで、栽培歴は四二年になります。三〇歳から兵庫県園試の農学博士・荒木斉氏のもとで低樹高栽培の指導を受け、高品質・高収量の技術普及に努めています。反当収量を上げるため面積は増やさず一haのまま。品種は非常に多く、三〇品種を数え、偶発実生ながら新品種にも手を染めています。

販売形態はJA共選。当地は量的には少なくとも、「村松栗」（旧町名が村松町）としてブランドになっています。平成十八年からは村松栗組合長として、増産と品質低下防止にクリ組合一丸となって必死に取り組んでいるところです。

焼き栗用フライパンを日本にも

三〇代から何度もイタリアへ行く機会があり、ミラノで手軽に焼き栗を食べている光景を見かけました。この文化を何とか日本でも流行らせることができないかとつねづね考えていました。

平成十八年一月、新潟市在住のイタリア人、ファビオ・ポッタツォという若いジャズギタリストと出会いました。ファビオによると、イタリアでは十一月十一日にワインと焼き栗を食べるしきたりがあり、どの家庭にも焼き栗用の穴あきフライパンがあるそうです。しかも、ファビオは焼き栗が食べたくて、知人の三条市の鍛冶屋に頼んでフライパンを作ってもらったばかりだというのです。

それなら我もと、後日、その工房に出向き、ファビオのフライパンをもとに、市販のフライパンに穴をあけてもらいました。穴の大きさとバランスはファビオのフライパンを参考にしました。

渋皮が簡単にむける「ぽろたん」で焼き栗を

渋皮が簡単にむける新品種「ぽろたん」の苗木販売が始まったのが平成十九年、手軽に家庭で焼き栗をつくるのにはもってこいのタイミング。そのためにはぜひこの穴あきフライパンを世に出すべきだという思いを強くしました。

三条市の高又製作所で、私の幼なじみの川瀬栄三氏が企画・営業

撮影・黒澤義教

焦げないよう取っ手を持って時々かき混ぜる。全国栗経営者研究会の内藤隆さんが協力してくれた。フライパンの販売は、JA新潟みらい五泉物流センター　TEL. 0250-41-0001

下準備として必ずクリのお尻に切れ目を入れる。はぜて中身が飛び散らないようにするためと、鬼皮をむきやすくするため

切れ目を入れたクリを投入し、フタをしてガスコンロにかける。

をしていました。平成二十一年十二月、彼とのある会合の席で私が穴あきフライパンを使って酒のつまみに焼き栗を出したところ、「これはおもしろい!」という話になりました。

川瀬氏は、売れるか売れないかもわからない、しかも会社の専門外(専門は建築材)のフライパン製造の企画を通してくれました。そして、わが家の冷蔵庫のクリを使って、私に何度もダメ出しされながら、半年がかりで昨年秋にすごいフライパンを完成させました。

その十一月、私はフランス一番のクリ産地を訪ね、現地の穴あきフライパン事情を確認し、実演しました。そしてこのフライパンは世界的にも優れたものだという思いも強くしたのでした。

攪拌ツメと金網付き

このフライパン、専用のフタを取り付けると、ときどき取っ手を回しているだけで一〇分ほどでクリがまんべんなく焼き上がります。フタに攪拌用のツメが付いているので、取っ手を回すとクリをかき混ぜてくれるしくみです。フタがなくても、フライパン返しでクリを上下させれば焼けます。

秀逸なのは内側に張った金網です。これがあると調理台・コンロが汚れません。素材は直火にも耐えるものを使っています。フタのほうの骨材は高熱に負けない特殊鋼です。

(二〇一一年十一月号掲載)

兵庫県三田市の小仲教示さんは、毎週土曜日にJA農産物販売所「パスカル三田」で焼き栗を販売している。焼き栗器の釜に、はさみで皮に切れ目を入れた栗を入れ、フタをして着火。釜がゆっくり回転しながら圧力が上がり、五気圧で焼き上がり。栗の実の甘い香りと鬼皮の焼けた香ばしい香りが広がる。小仲さんの焼き栗器は1回に3kg焼けるタイプで約40万円(タチバナ機工製　TEL.093-883-5418)。(撮影・赤松富仁)
(2007年11月号掲載)

乾燥させる

ドライフルーツ作りに乾燥機を使う農家が増えている。天気に左右されないで品質のよいものを作りたいとなると乾燥機は便利だ。最近の乾燥機事情を、いくつかの乾燥機メーカーに聞いてみた。

個人で買える小型電気乾燥機

個人で買える食品乾燥機が登場したのは、最近のことのようだ。それまでは業務用の大型灯油乾燥機しかなかったが、二〇〇八年に小型の電気乾燥機が開発されると、各社競うように小型電気乾燥機を発売するようになり、いまは発売ラッシュの様相だ。

電気式は給油もいらず火を使わないので、灯油式に比べて安全だ。また、電気式ならコンセントを差

乾燥機はどう選ぶ？

低価格・コンパクト・電気式

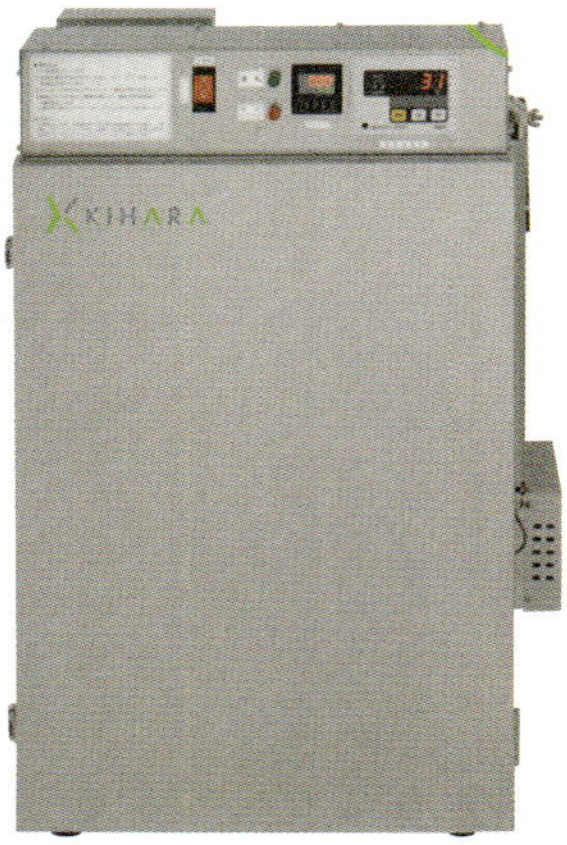

電気乾燥機 SMシリーズ

(型式SM3S-EH)
外径■幅580㎜×奥行き690㎜×高さ830㎜
トレイ（390㎜×281㎜×76㎜）が3枚入る。乾燥処理能力（収容量）1回に6kg。34万円（税・送料別途）。オールステンレス製であることと、素材の色を生かして乾燥できることが売り。
㈱木原産業
山口市 TEL.083-984-2211
6次産業化アドバイザーの資格有。
http://www.kiharaworks.com

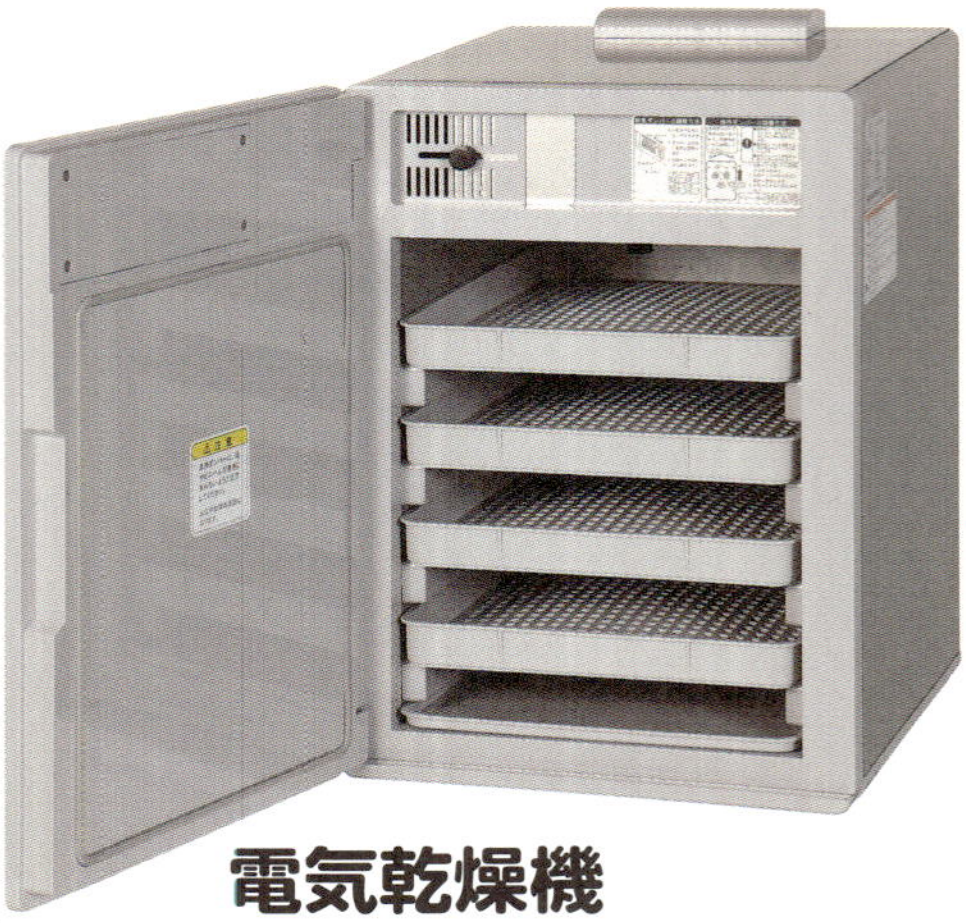

電気乾燥機「ドラッピー mini」(DSJ-mini)

外径■幅325㎜×奥行き380㎜×高さ484㎜
トレイ（246㎜×325㎜×26㎜）4枚が入る。6万8040円（税込）。温風が庫内4方向（左・右・奥・下）から行き渡るマルチ気流式で乾きやすい。ランニングコストは、外気温20度、50度設定の時、一時間当たり約3円。
静岡製機㈱
静岡県袋井市　TEL.0538-23-2822
http://www.shizuoka-seiki.co.jp/

電気乾燥機「プチミニⅡ」

外径■幅390㎜×奥行き440㎜×高さ560㎜
トレイ（325㎜×325㎜×25㎜）4枚が入る。このクラスの小型電気乾燥機では業界最大の1回に2kgの乾燥処理能力。価格は国産品の小型乾燥機では最安値の9万円（税・送料別）。従来品より断熱性を高め、消費電力は半分。ランニングコストは、外気温15度、40度設定の時、1時間当たり8円。日本で初めて小型の電気乾燥機を開発したメーカー。
大紀産業㈱
岡山市北区 TEL.086-252-1178
http://www.taikisangyo.co.jp/

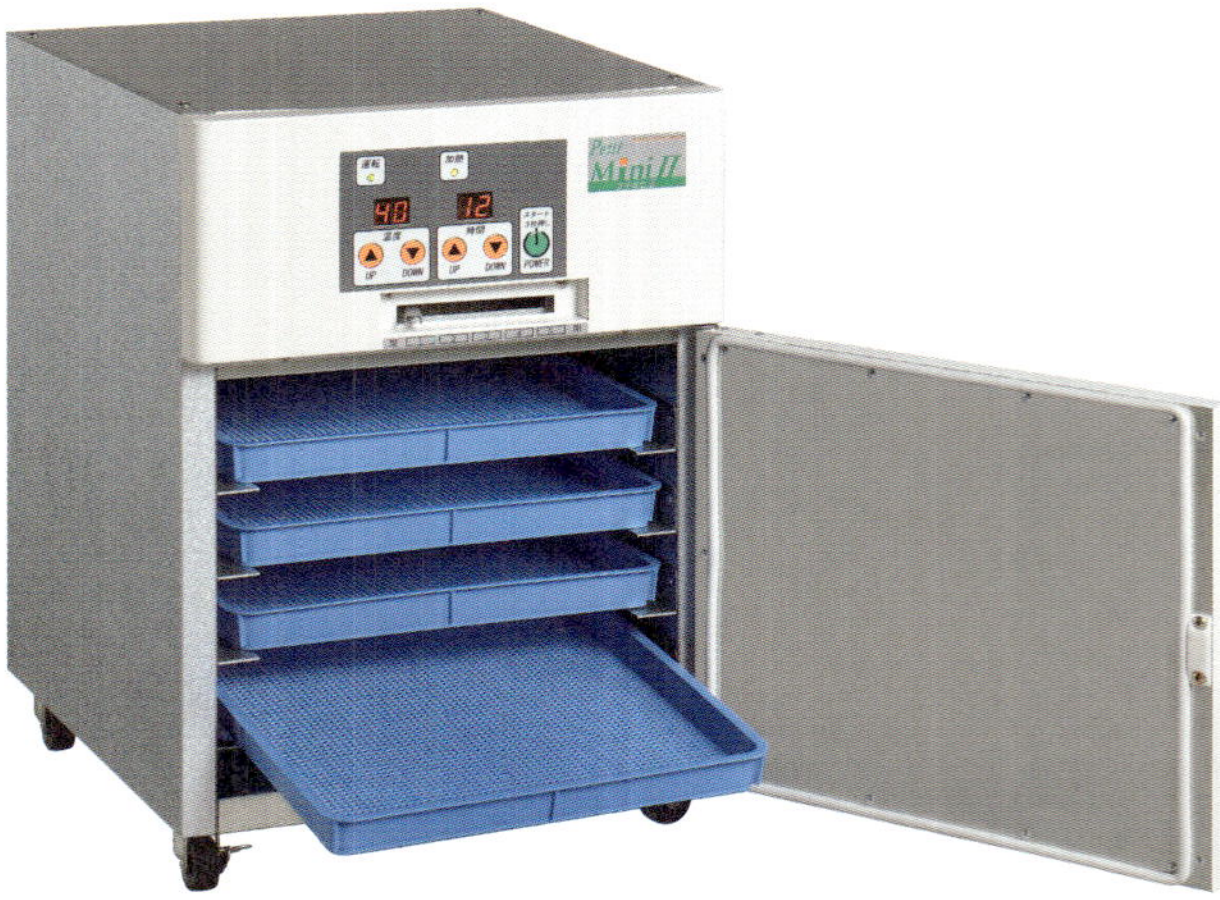

し込むだけですむので設置もラクだ。灯油式は壁に穴をあけて煙突を屋外に出す必要がある（小型の移動式で、その必要がないものもある）。

乾燥量が多ければ灯油乾燥機

だが、量をある程度こなしたいという農家や加工グループには、やはり灯油乾燥機がいいようだ。

長野県の味ロッジわくわくさかき（四三ページ）では、ドライフルーツの他に切り干し大根なども作るので、トレイが一五枚入る大きめの灯油乾燥機を使う。電気式でも量をこなせる大型のものがあるが、電気代が高くなってしまうという。

乾燥機メーカーはこれまでタバコやシイタケの乾燥機を中心に扱ってきたが、そちらの需要はどうも頭打ち。いっぽう、干し野菜やドライフルーツなどを売る直売農家が増えてきたため、今はどこのメーカーも「小さな加工」を応援する乾燥機の開発を進めているようだ。

（二〇一一年九月号掲載）

高価格・大型・灯油式

灯油乾燥機「リーダー 15型」
(ST-15)
外径■幅1135㎜×奥行き1270㎜×高さ1682㎜
トレイ（600㎜×1200㎜×50㎜）15枚入る、処理能力の高いベストセラー。60万円（税込み・送料別途）。
黒田工業㈱
広島県福山市 TEL.084-954-0246
http://www.kuroda-dryer.co.jp

減圧電気乾燥機
(BCD-1300U型)
外径■幅1465㎜×奥行き1845㎜×高さ2190㎜
トレイ（600㎜×1200㎜×40㎜）が30枚入る。他の熱風乾燥法と一線を画し、減圧することで30～40度で乾燥させるので、色や栄養価が損なわれない。475万円。オプションのステンレストレイ込みで640万円（税・送料・梱包代など別途）。
八尋産業㈱
岐阜県美濃加茂市
TEL.0574-26-3981
http://www.yahiro.co.jp/

上３点の写真は木原産業提供

布団乾燥機を使った私の乾燥機

愛知県豊田市●柴田 茂さん

温風の抜け穴
側面の上部に3㎝×15㎝の四角い穴を両側にひとつずつ開けてある

棚（トレイ）
ステンレスの網でつくった棚

布団乾燥機
タイマーは使わないで「連続」運転。コンセントに差してスイッチを入れるだけでOK

温風ダクト
布団乾燥機の横のダクトから温風が棚のほうに抜けるようになっている。ベニヤ板で囲った内部は空洞

私が手作りした乾燥機は布団乾燥機をリサイクル店からもらってきて利用したものです。

乾燥機といってもコンパネなどをただ貼り合わせただけのもの。下段は中が空っぽのただの箱に、布団乾燥機をじゃまにならないよう収納するスペースを設けました。上段はステンレス製の網棚が四段分出し入れできるようになっています。側面に穴を開けてあるので熱風は下段から上段へ抜け、棚に並べた野菜などがよく乾きます。

私は自営で建築業をしていた関係で廃材が使えたので、材料費はタダ。簡単な構造なので、買ったとしてもぜんぶで一万円ちょっとで自作できると思います。段ボールに穴をあけて布団乾燥機のダクトを中に突っ込んでもいいのではないかと思います。

シイタケや梅漬け、何でも乾燥

この乾燥機で何でも乾燥できます。シイタケやゼンマイのほかタネを抜いた梅漬けをカリカリに乾燥させてふりかけにしたり、ショウガを粉にしてショウガ湯を作ったりしてきました。また、『現代農業』の記事を読んで、ナス、キュウリ、ピーマンなどの乾燥に挑戦しましたが、二日くらいできれいに乾燥しました。

（二〇一一年十一月号掲載）

段ボール箱の下部に開けた送風口から熱風を送りこむ

段ボールと布団乾燥機で自家製乾燥機

栃木県那珂川町●柴山文夫さん

食品乾燥機は段ボールと布団乾燥機で自作することもできる。大きめの段ボール箱に棒２本を通して橋を渡し、乾燥させる食品を網などのトレイにのせて棒２本の上に設置。箱のフタを閉じて布団乾燥機で熱風を送り込む。栃木県の柴山文夫さんは、自作の乾燥機で薬草やハーブのお茶を楽しんでいる。
（2014年8月号掲載）

閉める・充填する

現場で出会ったラクチン道具

福岡県大野城市●尾崎正利さん

小さい加工では、小さい加工なりのスケールメリットを追求せねば安定した生産ができません。農産加工の指導の現場で出会った道具を紹介します。

ビン閉めに最適な洗車用の布巾

車を洗った後に汚れや水分を一緒に拭き取る化学布巾はジャムビンを閉めるのに最適です。

この布巾は水に浸して使います。よさを実感するのは、ジャムビンのフタ閉めの時です。ガラスと金属のツルツルした表面でも滑りにくく、熱を通しにくいので手が熱くなく、おまけに柔らかい素材なのでしっくり手に馴染みます。

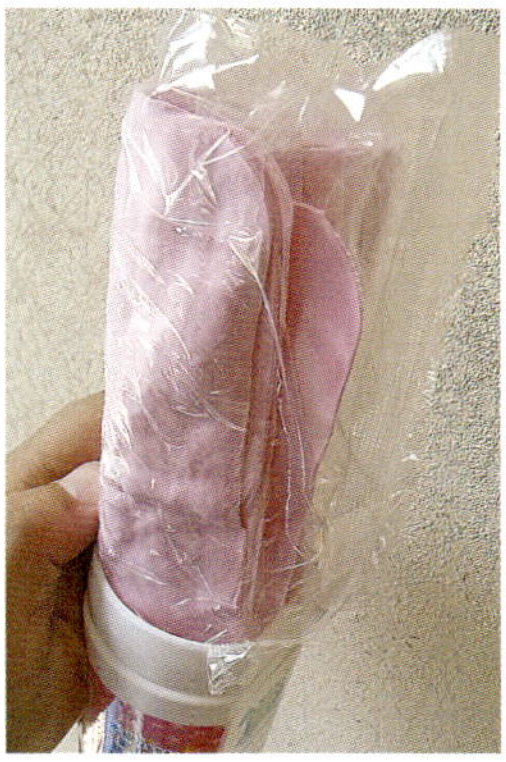
フタ閉めに役立つ洗車用布巾。超撥水クロスなどの商品名で販売されている

洗米機を応用した手製充填機

ジャムなどを手早く火傷せずに充填するには充填機が欲しくなります。充填作業のカナメは「熱いビンに熱い内容物を注ぐこと」であり、手早さが求められます。一日二〇〇～三〇〇本の充填作業くらいならば、この手動式の充填機などがおすすめです。

これは八年ほど前で一台一二万円ほどしました。洗米機を改良した特注品で、洗米タンクの底にノズルがついいて、コックをひねるとジャムなどをビンに充填でき、その量を目視で制御できます。

洗米機をもとにした充填機

計量カップやロートで作業していた時の三分の一の作業時間ですむようになりました。洗浄処理も簡単で、必要なパーツは消毒液に浸して滅菌することも可能です。

野菜を均等な大きさに切断するのに便利なのが平野製作所の「キンピラカッター」という機械です。投入口に野菜を入れるだけで均等な大きさにカットできます。作業が大幅にラクになるので、加熱温度の管理や計量や包装などといった注意すべき作業に時間を割けるようになります。

（二〇一三年十二月号掲載）

包む
保存性を高める シーラー

食品を袋に詰めて保存する場合、真空包装にすれば長持ちする。真空とまでいかなくても、できるだけ空気を抜いて袋の口を熱でとめるだけでも保存性は高まる。そんな便利な包装機がいくつかある。

目的や段階に応じて三タイプある

いちばん簡単なものが簡易型シーラー。脱気機能はなく、袋の口を手動でとめるタイプ。ある程度の脱気機能があるものがノズル式脱気シーラー。そして、本格的に真空パックにして袋の口もとめてくれるものがチャンバー式真空包装機だ。

実際に農家が使っているものをみてみよう。

口をとめるだけのタイプ

神奈川県南足柄市の露木憲子さん（四九、六九、八〇、八一ページ）が漬物などを売るときに愛用しているのが簡易型シーラー。漬物と漬け汁を入れた袋を両手で持ったまま、軽くテーブルを押し下げるだけで袋の口をとめてくれる。

これがあると、袋の口をテープや輪ゴムでとめたものより断然見栄えがよくなり、もちろん汁漏れもないので、漬物がよく売れるようになるという。

袋の中の空気を抜くことができるノズル式脱気シーラーだと二〇万円ほどするらしいが、脱気機能がついていない露木さんのシー

簡易型シーラー
露木さんが使うシーラー。平らだと袋の中の漬け汁がこぼれてしまうので、下に棒をはさんで斜めにしている。袋の口をバーの下に挿しこみ、漬け汁がこぼれるくらいに指で袋を押して空気を追い出す。そのまま軽く押し下げるとバーが下がる。赤いランプが消えて３秒してから離すとシール完了。
富士インパルス販売＝千葉県流山市　TEL.04-7178-6402
http://www.fujiimpulse.co.jp

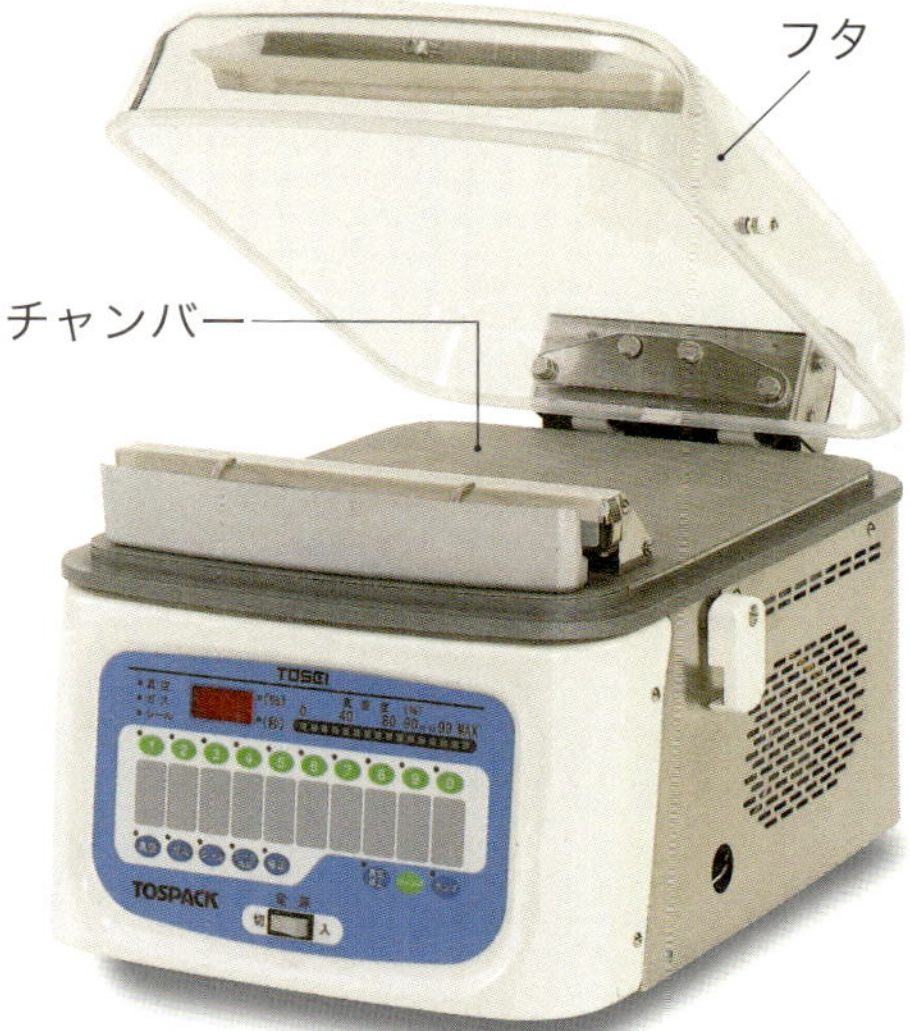

卓上型真空包装機
「トスパックV—380G」
食品の包装によく使われている。食品を詰めた袋をチャンバー部分にセットし、フタを閉めるだけ。チャンバー内が真空となり、袋がシールされると自動的にフタが開く。袋の大きさによっては2袋同時に並べて真空パックできる。62万6000円（税別）。
㈱TOSEI＝静岡県伊豆の国市
TEL. 0558-76-2383
http://www.tosei-corporation.co.jp/

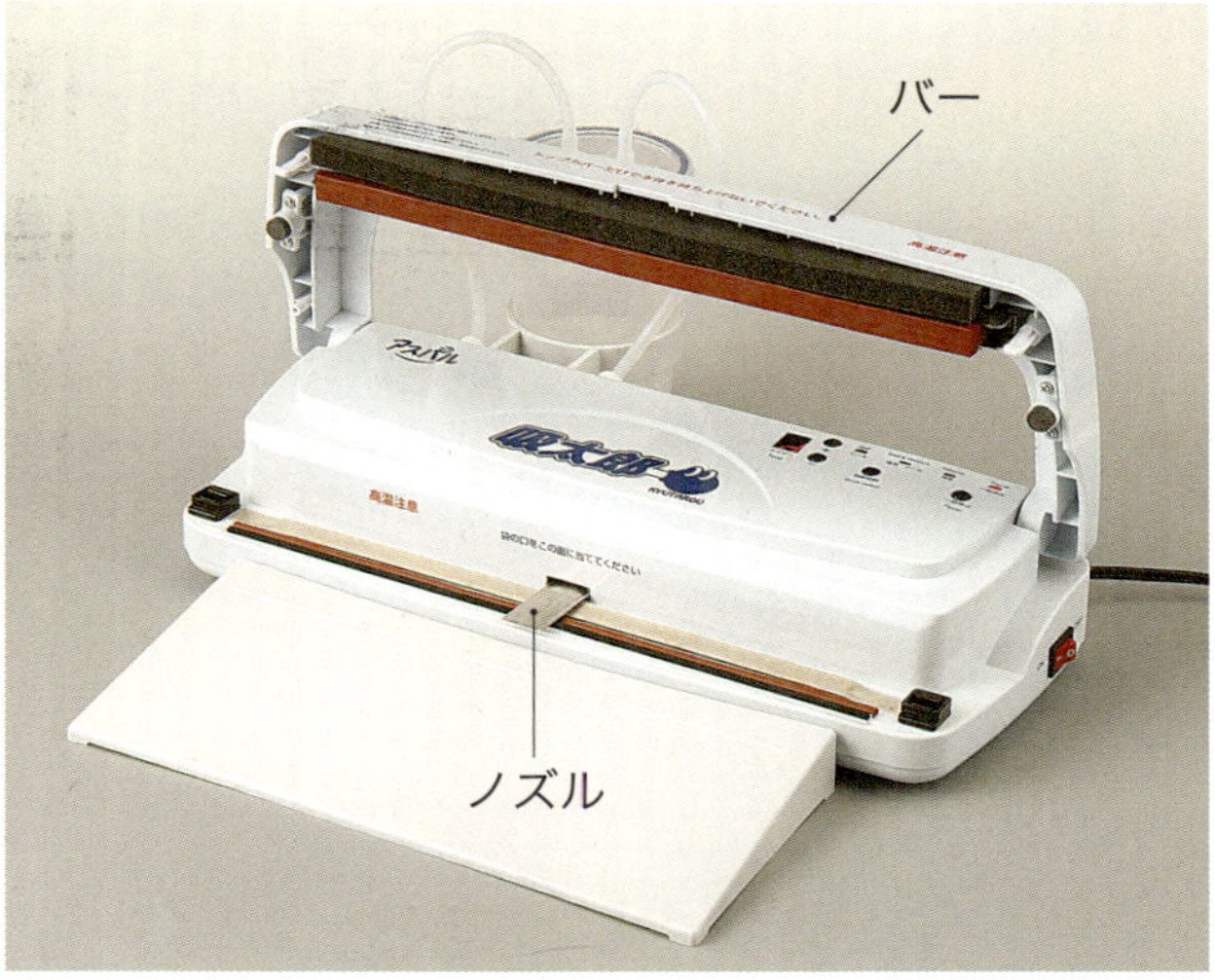

脱気シーラー「吸太郎」
坂東さん出荷の直売所が使う。ノズルに袋の口を挿しこみ、バーを下げると空気が吸われて袋が脱気される（脱気率は68%）。もちろんシールもできる。
朝日産業＝愛知県名古屋市　TEL. 052-671-5191
http://www.asahi-sg.co.jp/

超音波溶着機「キュッパ」
岩手県の千葉恵美子さんが使う。ステープラーのように部分的に口をとめるが、針を使わないでシーラーのように溶着されてとめる。テープや輪ゴムでとめるより早くてきれいでいいとのこと。異物混入も防げる。3万円台。朝日産業

ラーなら三万円台ですみ、写真のようにすれば空気もほぼ抜けるとのこと。

ある程度脱気もできるシーラー

また最近は、ある程度の脱気機能付きで五万円ほどという低価格シーラーも登場した。袋の口をノズルに挿し込み、バーを下げると袋の中の空気が吸われ、シール加熱もしてくれる。

徳島県阿波市の坂東静江さん（五五ページ）の出荷する直売所では昨年これを購入。口をテープでとめた袋はシワがあってラベルが貼りにくいが、これだときれいに貼れて格段に商品価値が上がるという。

真空にできるシーラー

このノズル式よりもっと真空度を高めたいなら、チャンバー式がいい。食品を詰めた袋をチャンバー（ボックス）内にセットし、フタをするだけで、内蔵された真空ポンプによってチャンバー内全体が真空となり、その状態で袋がシールされる。

このチャンバー式真空包装機を使うのは、岩手県一関市の千葉美恵子さん（八八ページ）。この機械は袋の大きさによっては二袋を同時に真空パックにすることができるので、周年で一定程度の量を包装するには使い勝手がいいそう。真空だから保存性も断然いい。

（二〇一二年十二月号掲載）

 撮影・田中康弘

食品の加工販売を始めるために知っておきたい事

食品衛生法と営業許可、HACCPシステム

本橋修二

食品衛生法と営業許可

不特定多数への食品加工販売には規制がある

　家庭のなかで食べものを調理・加工する場合、法律の規制を受けることはありません。これは、つくる人も食べる人も特定されたなかでの行為だからです。いっぽう、不特定な多数の人々に食べものを供給する食品加工販売はその影響が大きく、社会的な規制が加わります。食品加工販売が食品衛生に関する法律の規制を受ける根拠はここにあります。

　食品の安全性に対する消費者の関心が高まるなか、食品を取り扱う人が安全で衛生的な食品を提供することは大きな社会的責任であるといえます。食品衛生法がその目的として、飲食による衛生上の危害の発生を防ぐことで国民の健康を守り、公衆衛生の向上および増進に寄与することをあげているのもそのためです。

食品衛生法などによって営業許可が必要

　食品衛生に関する法規は、厚生労働省が所管する一般衛生法規と呼ばれる法規のなかの環境衛生法規に含まれます（一三五ページ図

撮影・田中康弘

1「衛生法規の体系図」）。この法規群は、生活環境の有害物質を除去し、健康・快適な生活条件を整えるための法律で、ほかに水道法、調理師法、旅館業法などがあります。

食品衛生に関する法規は、国会で制定された法律である「食品衛生法」以外に、内閣による政令である「食品衛生法施行令」、厚生労働省令による「食品衛生法施行規則」、さらに、各都道府県による「食品衛生法施行条例」等によってその法規全体が成り立っています。

食品加工を始めるには、これら食品衛生に関する法規がどういう関係にあるかを理解することが必要です。それは次のような事情によります。加工販売を業とする営業は、業種別に基準が設けられなければならないことが食品衛生法に規定されていますが、その内容を具体的に規定して三四業種を挙げているのは内閣による食品衛生法施行令によるものです**（一三六ページ表1「食品衛生法による許可業種」）**。さらに、たとえば漬物やもち、こんにゃくなどの製造業は、地域性があるとの考え方から、これら三四業種の中には含まれていません。その代わり、都道府県の条例によって、許可が必要とされている業種があります。都道府県の条例ですから、県が違えば内容も変わってきます。

例えば、東京都では、東京都食品製造業等取締条例に基づき、食品衛生法に基づく営業許可三四業種のほかに、漬物製造業、製菓材料等製造業、粉末食品製造業、惣菜半製品等製造業、調味料等製造業、魚介類加工業、液卵製造業、食料品等販売業が許可の対象とされています。また、茨城県では、茨城県食品衛生条例の営業許可対象は、魚介類の行商、漬物製造業、魚介類加工業、惣菜半製品等製造業、液卵製造業、惣菜・弁当販売業となっています。

このように自分が取り組もうとする加工品が、食品衛生に関する法規のどの部分の規制を受けるものであるかを知るには、これら食品衛生に関するいくつかの法規のおよそを知っておく必要があります。いずれにせよ、どのような加

図1　衛生法規の体系図

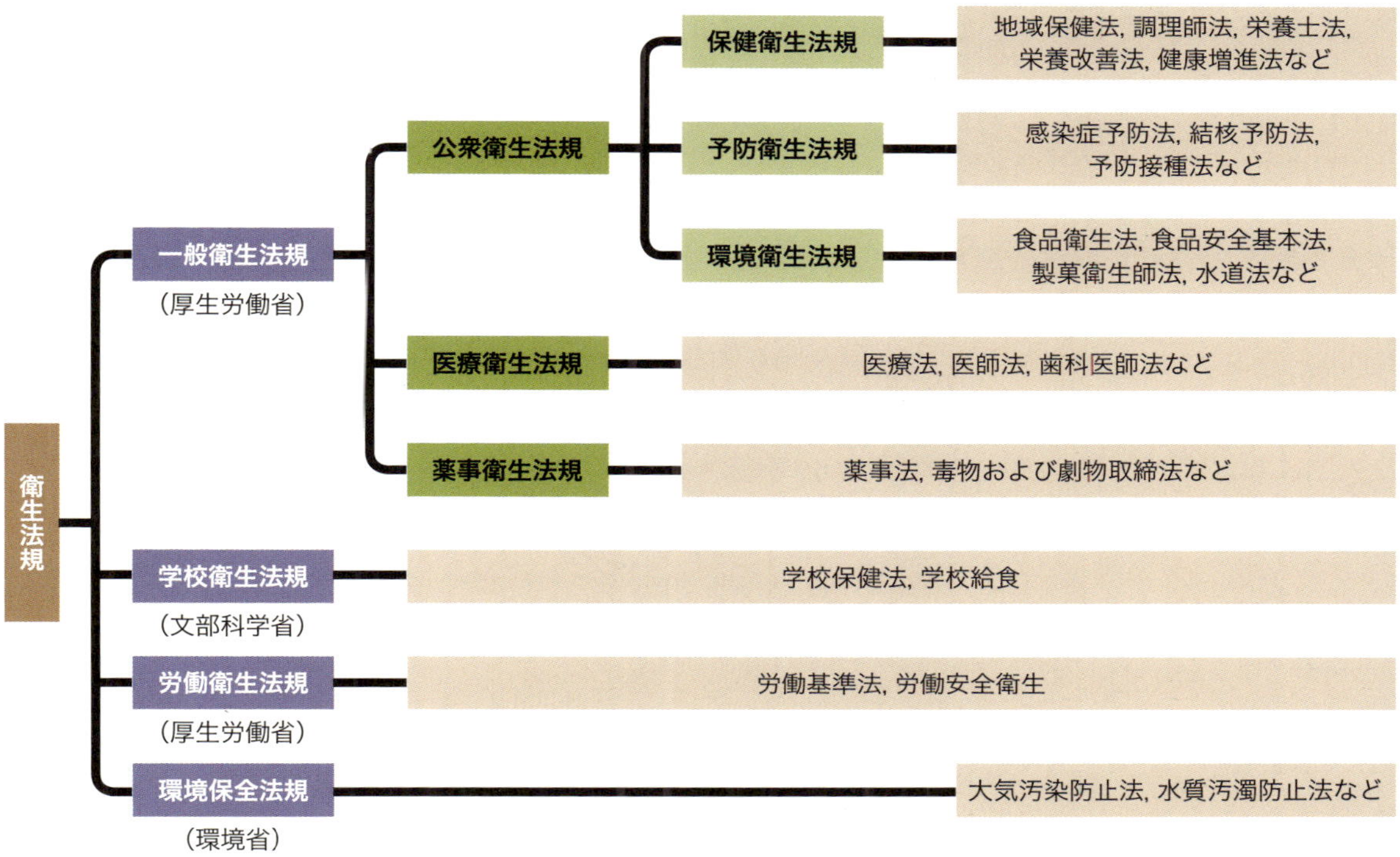

表1　食品衛生法による許可業種

業種	定義および対象
飲食店営業	一般食堂, 料理店, すし屋, そば屋, 旅館, 仕出し屋, 弁当屋, レストラン, カフェー, バー, キャバレーその他食品を調理し, または設備を設けて客に飲食させる営業
喫茶店営業	喫茶店, サロンその他設備を設けて酒類以外の飲物または茶菓を客に飲食させる営業。この他, かき氷を販売する営業, ジュース等のコップ式自動販売機等も対象
菓子製造業（パン製造業を含む）	ケーキ, あめ, せんべい等社会通念上菓子と認識されているもの, またはチューインガムを製造する営業およびパン製造業
あん類製造業	あずき, いんげん等のでんぷん性の豆を蒸し煮して, 砕いて製造し, 湿ったままのもの, 砂糖などで味付けしたもの等を製造する営業
アイスクリーム類製造業	アイスクリーム, アイスシャーベット, アイスキャンデーその他液体食品またはこれに他の食品を混和したものを凍結させた食品を製造する営業
乳処理業	牛乳, 山羊乳, 脱脂乳, 加工乳の処理または製造を行う営業
特別牛乳さく取処理業	特別牛乳のさく取および処理を一貫して行う営業
乳製品製造業	粉乳, れん乳, はっ酵乳, クリーム, バター, チーズその他乳を主要原料とする食品を製造する営業
集乳業	生牛乳または生山羊乳を集荷し, これを保存する営業
乳類販売業	直接飲用に供される牛乳, 山羊乳もしくは乳飲料等を販売する営業。店舗を有すると否とを問わず, 競技場等における立売りも対象とされる
食肉処理業	食用の目的で, うさぎ等をと殺もしくは解体する営業または解体された鳥類の肉, 内臓等を分割, 細切りする営業。と畜場または食鳥処理場でと殺した鳥獣の肉を分割細切りする営業もこの対象とされる
食肉販売業	獣鳥の生肉（骨および臓器を含む）を販売する営業。なお, 許可を受けた食肉販売業者が食肉を細断包装したものを, 他の者が保管し, 注文配送する場合も対象とされる
食肉製品製造業	ハム, ソーセージ, ベーコン等を製造する営業
魚介類販売業	店舗を設け, 鮮魚介類（鯨肉を含む）を販売する営業。魚介類の行商販売は該当しない
魚介類せり売営業	鮮魚介類を魚介類市場においてせりの方法で販売する営業
魚肉練り製品製造業	魚肉ハム, 魚肉ソーセージ, 鯨肉ベーコン, かまぼこ等魚肉を主要原料として製品を製造する営業
食品の冷凍または冷蔵業	魚介類の冷凍または冷蔵する営業および冷凍食品を製造する営業
食品の放射線照射業	放射線を照射する営業。現在, ばれいしょの発芽防止加工のみ認可
清涼飲料水製造業	ジュース, コーヒー等清涼飲料水を製造する営業
乳酸菌飲料製造業	乳等に乳酸菌または酵母を混和してはっ酵させた飲料で, はっ酵乳以外のものを製造する営業
氷雪製造業	氷を製造する営業
氷雪販売業	氷を製造業者または採取業者から仕入れて小売業者等に販売する営業
食用油脂製造業	動物性, 植物性および中間製品, 完成品を問わず, サラダ油, 天ぷら油等の食用油を製造する営業
マーガリンまたはショートニング製造業	マーガリンまたはショートニングを製造する営業（乳酸菌入りマーガリンを製造しても, 乳酸菌飲料製造業の許可は不要）
みそ製造業	小分け行為は対象外
醤油製造業	小分け行為は対象外
ソース類製造業	ウスターソース, 果実ソース, 果実ピューレ, ケチャップまたはマヨネーズを製造する営業。小分け行為は対象外
酒類製造業	酒の仕込みから搾りまでを行う営業
豆腐製造業	豆腐および原料から油揚げを製造する営業。豆腐から豆腐の加工品の油揚げ, がんもどきを製造する営業は対象外
納豆製造業	糸引納豆, 塩辛納豆等を製造する営業
めん類製造業	生めん, ゆでめん, 乾めん, そば, マカロニ等を製造する営業
そうざい製造業	通常副食物として供される煮物（つくだ煮を含む）, 焼物（いため物を含む）, 揚物, 蒸し物, 酢の物またはあえ物を製造する営業。珍味, 漬物は含まない
かん詰またはびん詰食品製造業	（前各営業を除く）
添加物製造業	法第7条第1項で規格が定められた添加物を製造する営業。小分け行為も対象

注　「茨城県食品衛生ハンドブック」より

工品をつくるかがはっきりしたら、最寄りの保健所に相談するとよいでしょう。適切な指導、助言をしてくれます。

薬事法やPL法なども関わる

食品の加工販売にあたって規制を受ける法規は、ほかにもあります。消費者保護基本法（危害の防止、計量の適正化、規格の適正化、表示の適正化、公平自由な競争の確保等）に沿って、各種の法律等が整備されています**（一三八ページ表2「加工食品製造販売・包装・表示・ネーミング等に関連する法規」）**。こうした関連法律や規則なども知っておく必要があります。

営業許可を取得する手順

農産加工品を製造・販売する場合、取り扱う食品によって営業許可が必要なことは前述したとおりです。

食品衛生法でいう営業とは、「業として、食品若しくは添加物を採取し、製造し、輸入し、加工し、調理し、貯蔵し、運搬し、若しくは販売すること又は器具若しくは容器包装を製造し、輸入し、販売することをいう」と定められています（食品衛生法第二条八項）

営業許可を取得するには、その加工施設を管轄する保健所に営業許可申請を行ない、都道府県が定めた施設基準に適合する加工施設を整備する必要があります。どのような手順を踏めばよいか、例をあげておきましたので参考にしてください**（一三九ページ図2「加工施設の許認可取得手順例」）**。許可を取得した後には、管理運営基準にしたがって施設や設備を適正に管理し、より衛生的で安全な加工食品を提供することが必要です。

このほか、こんにゃくやところてんなどは、製造販売の許可は必要なく届出の申請でよい場合もあります。また、各種の催事等での販売についても届出を申請する必要があります。いずれも事前に保健所に相談するとよいでしょう。

食品衛生責任者を設置する

食品衛生法による三四業種と条例で定められた許可営業にあたる業種では、営業開始にあたって食品衛生責任者の設置が必要です。

同一施設内で複数の許可を申請する場合は一名でよいとされています。栄養士、調理師、製菓衛生師、食鳥処理衛生管理者、船舶料理士、食品衛生管理者の資格をもつ人がいれば問題ありません。資格をもつ人がいない場合には、保健所が実施する食品衛生責任者のための講習会を受講すれば、一日で資格を得ることができます。

この講習は単に資格取得というだけでなく、公衆衛生や食品衛生、衛生法規の基本的な知識が得られるうえ、加工に取り組む参加者全員の共通認識をつくる場ともなるものです。共同加工に取り組む場合には、ぜひ参加者全員がこの講習を受講するように努めたいものです。

表２　加工食品製造販売・包装・表示・ネーミング等に関連する法規

食品製造並びに包装・表示・・ネーミング	食品衛生法 食品衛生条例	食品の安全性の確保を目的とした法律。 ①食品、容器包装、添加物の規格・基準及び営業許可 食品は、清潔で衛生的な取扱をしなければならない。 食品の安全性を確保するため、食品、容器包装、添加物の規格・基準や食品の製造基準、保存基準を定めている。 飲食店や製造業、販売業のうち公衆衛生上重要な業種は、営業許可が必要となる。 ②食品の表示基準 表示は、消費者や関係営業者に対し、その食品に関する的確な情報を伝え、食品の選択や適切な取扱いのために必要不可欠なもの。 表示事項としては、①名称、②添加物、③期限表示（消費期限、賞味期限など）、④保存方法、⑤製造所所在地、⑥製造者氏名・・・⑦アレルギー表示など。
	酒税法	酒類の製造（試作を含む）には、免許が必要。 ①アルコール分1度(%)以上の飲料品は、酒類となる。酒類を製造する場合(製造免許者)は、納税義務が生じる。 酒類は、製造免許取得者(製造)、販売免許取得者(販売)でなければ取り扱えない。
	薬事法	医薬品は、所要の承認・許可を取得しない限り、製造、輸入、販売することが禁じられている ①医薬品に該当するか否かの判断基準 個々の製品成分本質、形状(剤型、容器、包装、衣装等をいう。)及びそのものに表示された使用目的・効能効果・用法用量・販売方法・販売の際の演術等を総合的に判断して、その製品が一般の人に対し疾病の診断、治療又は予防の目的を有するものであるという認識を与えれば医薬品に該当する。
	ＰＬ法 （製造物責任法）	製造物に関する責任を定めた法律。 欠陥事故の被害について製造者が負うべき損害賠償責任を決め、被害者の保護と製品安全性の向上を意図したもの。 ①食品の製造工程上のミス、容器包装のミスなどを防ぎ安全につくる。 ②原材料名、期限表示、取扱方法、保存方法など適切な表示を行う。
	特許法	食品加工に関しては、独創性のある製造方法、加工方法などはもちろん、食品自体にも特許が認められている。
	実用新案法	特許・実用新案法などで権利が認められている場合、それを無断で使用すると、権利侵害で訴えられることがあるので注意すること。現在、食品の分野でも、極めて多くの特許・実用新案が登録されている。
	商標法	社名、特徴のある商品名、マーク、店舗名等は登録することにより商標権として、独占的な権利が与えられる
	意匠法	絵画、写真、イラスト、出版物などの創作物には著作権があり、美感のある商品やパッケージの形・模様などには意匠権が認められる。無断使用は当然禁止だが、転用記載や模倣も権利の侵害となる。
	不正競争防止法	そっくり商品やそっくり商法、有名ブランドの借用等は、不正な競争となる。
	景表法 (不正景品類及び不当表示防止法)	消費者が、正確な情報を入手し、うまく購入できるようにするため、また、まじめに度量している事業者が、不公平な競争手段で損をしないように、誤解される表示を禁止している。 内容として①食品の内容(品質・規格等)に関して不当表示にならないように規制している物と、②価格、数量、景品類、保証期間、アフターサービス等取引条件として不当にならないように規制しているものがある。
	ＪＡＳ法 (農林物資の規格化及び品質表示の適正化に関する法律)	ＪＡＳ規格の制度は、一定の望ましい品質の商品にＪＡＳマークを付することにより、消費者の選択の目安を与える制度で品質規格と表示基準の２つの制度からなっている。 ①品質規格は、内容物の品位、状態、原材料、商品添加物、異物の有無、内容量等について規定している。 ②表示基準は、名称、原材料名、原料原産地名、内容量、期限表示、保存方法、製造業者氏名・住所等について規定している。 ③さらに、消費者の健康被害防止の観点から、平成１４年４月１日から、食品衛生法に基づく特定原材料を含む旨の表示が義務化されました。
	計量法	適正な計量の確保を目的として定められており、取引に使用するはかりは、定期検査を受けなければならない。 ＊商品の中には、下記のことが義務付けられているものもある。 ①計量して販売する商品は、計量単位で計って販売する。 ②計量して販売する者は、正確に計量するよう務める。 ③計量して販売するときは、顧客によくわかるように正味量を表示する。

食中毒を出さない衛生管理

加工場における衛生管理

　食品産業等では、食中毒などをなくす衛生管理の取り組みの一つとして、「5S」を毎日きちんと実践しようという5S運動を展開しています。5Sとは、整理、整頓、清掃、清潔、躾のことで、すべての頭文字がSで始まることから、5Sと呼んでいます。

　食の安全を確保するには農場から食卓までの安全管理が必要ですが、近年の食中毒の発生状況を見ると、加工作業場での衛生管理が重要と考えられています。

食中毒の発生状況と分類

　食中毒の発生状況は一年中同じではありません。厚生労働省の食中毒統計調査によると、一～三月までの寒い季節には食中毒の発生は少なく、四～五月と暖かくなるにつれて多くなり、七～九月にかけての夏場に最も多く発生する傾向にあります。

　近年では、十一～三月という冬季に、二枚貝の加熱不足などによるノロウイルスの感染症と食中毒が集団発生しました。また、細菌性の食中毒件数が減少傾向のあるなか、肉の生食によるカンピロバクターや腸管出血性大腸菌O－一一一による食中毒の集団発生がありました。そして、白菜の浅漬けによる腸管出血性大腸菌O－一五七による集団食中毒もありました。再発防止に向けて、漬物の衛生規範が改正され、原材料を保管する際の温度管理や殺菌方法などが明記されるようになったことは記憶に新しいところです。

　食中毒の発生の背景には、細菌・ウイルスなどの微生物の生存性や生態、生活環境や自然環境の変化、私たちの食生活の変化などが複雑に絡み合っているものとみられています。こうした状況を考えると、食中毒の予防は、食材の選別と温度管理（加熱殺菌）の徹底や、手指からの二次汚染防止（手洗い）、製造施設と器具の衛生管理（環境消毒）など、年間を通じて対策を

図2　加工施設の許認可取得手順例

計画作成　（目的, 業種, 製造販売計画, 施設整備場所, 施設構造, 製造者等）

↓

設計図の作成　（規模・構造・設備・給排水・材質等）

↓

保健所に事前相談　（施設機能と構造・器具整備等の相談および、許認可取得手順や日数などの確認、また、食品衛生責任者講習会申請等相談）

↓

施設建設打合せ　（建設業者と打ち合わせ, 設備備品等の設置確認, 給排水の確認, 材質の確認等）

↓

施設整備着工～完了

↓

保健所に申請　（書類提出, 施設検査期日確認および、加工品販売表示例相談, 食品衛生責任者講習会受講申請, 食品衛生協会加入申請, ＰＬ保険加入申請等）

↓

現地確認　（加工施設検査、製造販売開始前に検便検査等）

↓

許可取得　（許可証受取、許可証及び食品衛生責任者名掲示）

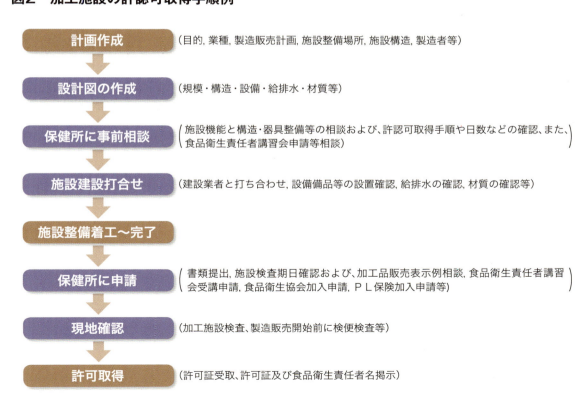

行なう必要があります。

また、食中毒は大きく三つに分けて考えられます（**一四〇ページ表３「食中毒の分類」**）。一つは、食中毒菌が食品の中に混入して起こる細菌性食中毒。二つには、ウイルスが蓄積している食品の飲食や人の手を介して起こるウイルス性食中毒。三つには、フグや毒キノコ、トリカブトなどの動物性・植物性の毒によって起こる自然毒食中毒です。

食中毒の発生要素と対策

食中毒の発生件数の割合を見ると、細菌性食中毒が約六〇％と半数を超えています。

細菌性食中毒の発生要素の一つは、細菌にとっての栄養素（エサ）の付着です。食品や残菜、調理器具などに付いた有機物は細菌の栄養になります。なかでも高タンパク質食品は細菌にとって最良の栄養素です。もう一つは水分です。細菌は水に溶けている栄養素を分解して摂取するため、水分の少ない食品では増殖しにくくなります。さらにもう一つは温度です。細菌の増殖には温度の影響が大きく、増殖に適した温度範囲があります。

細菌性食中毒を予防するには、栄養素源の除去や、迅速な加工作業、水分活性の調節、加熱、冷却など、「細菌をつけない・持ち込まない」「細菌を増やさない」「細菌を殺す」といった食中毒予防の三原則を徹底することです。

加工場での対策

加工食品の製造にあたっては、製造規模の大小にかかわらず、施設と設備・器具の衛生管理、製造工程における衛生管理、作業者の健康管理などの取り組みが不可欠となります。こうした対策は、日常の点検が必要です。いつ、なにを、どうすればいいのか、衛生管理の点検票やマニュアルを各自で作成してみてください（**一四〇ページ表４「加工作業の衛生管理（例）」参照**）。

こうした衛生管理を土台に、安全確保対策をより確実にしようというのが、次に紹介するＨＡＣＣＰシステムです。

表３　食中毒の分類

細菌性（約60％）	感染型	サルモネラ、腸炎ビブリオ、病原性大腸菌、カンピロバクターなど
	毒素型	黄色ブドウ球菌、セレウス菌など
ウイルス性（約10％）	ノロウイルス、その他のウイルスなど	
自然毒	動物性	フグ毒、貝毒など
	植物性	毒キノコ、毒草、ジャガイモ、カビなど
化学性	洗剤、殺鼠剤、メタノール、農薬など	
寄生虫	アニサキスなど	

表４　加工作業の衛生管理（例）

いつ	なにを	どうする
作業前	原材料	品質確認、洗浄と衛生保管、アレルギー物質の確認など
	設備と器具	作業台等の施設の衛生確認、包丁まな板等器具の衛生確認など
	作業者	健康管理のチェック、作業着・手洗いのチェックなど
作業中	加工工程	レシピに基づいた工程確認、汚染物質の混入防止など
	設備と器具	温度管理、包丁まな板の使い分けなど
	施設内衛生	ごみの処分、出入り口の開け閉め、防虫対策など
	作業者	適宜の手洗い、髪の毛等の混入防止など
作業後	加工品	異物混入チェック、一部保管、製品の自主検査など
	設備と器具	器具機材の洗浄・消毒・乾燥、衛生的な場所で保管など
	加工品保管	衛生的な場所で保管、冷蔵庫など温度確認など
	清掃	加工施設の清掃・消毒など

最も進んだ安全確保対策、HACCPシステム

製造工程を管理する

HACCPシステムは現在、最も進んだ安全確保対策として、国際的に認められているシステムです。

HACCPとは、HA（Hazard Analysis：危害分析）とCCP（Critical Control Point：重要管理点）を省略したもので、危害分析重要管理点方式と訳されます。これまでの方法では、でき上がった食品の一部を検査してその食品が安全であるかを確認していましたが、HACCPは製造工程を管理することで安全性を確保します。

システム全体が把握できる総括表

その手法は、加工品の原材料が生産されてから製品となって食卓に並ぶまでの間、起こりうる生物的・物理的・化学的危害の要因をあらかじめ予測しておき、監視することでその危害物質や原因を取り除く方法です（**一四二ページ図3「HACCP方式の考え方」**）。この考え方を導入することで、加工工程全般を通じてより適切な対策を講ずることができます。

こうしたシステム全体が把握できる一覧表が総括表です（**一四三ページ表5「ハクサイ浅漬製造の総括表の一例」**）。加工に取り組む者自身が、①加工工程、②危害の要因、③防止措置、④重要管理点、⑤工程ごとに設定した管理基準、⑥モニタリング（監視）方法、⑦改善措置、⑧検証方法等を記載します。これを記録しておくことで、万が一食品事故が起きた場合でも記録をさかのぼって不良品等を的確に仕分けることができます。

一般的な衛生管理の上に成り立つ

HACCPシステムは、それ単独で機能するものではありません。

 撮影・田中康弘

図3　HACCP方式の考え方

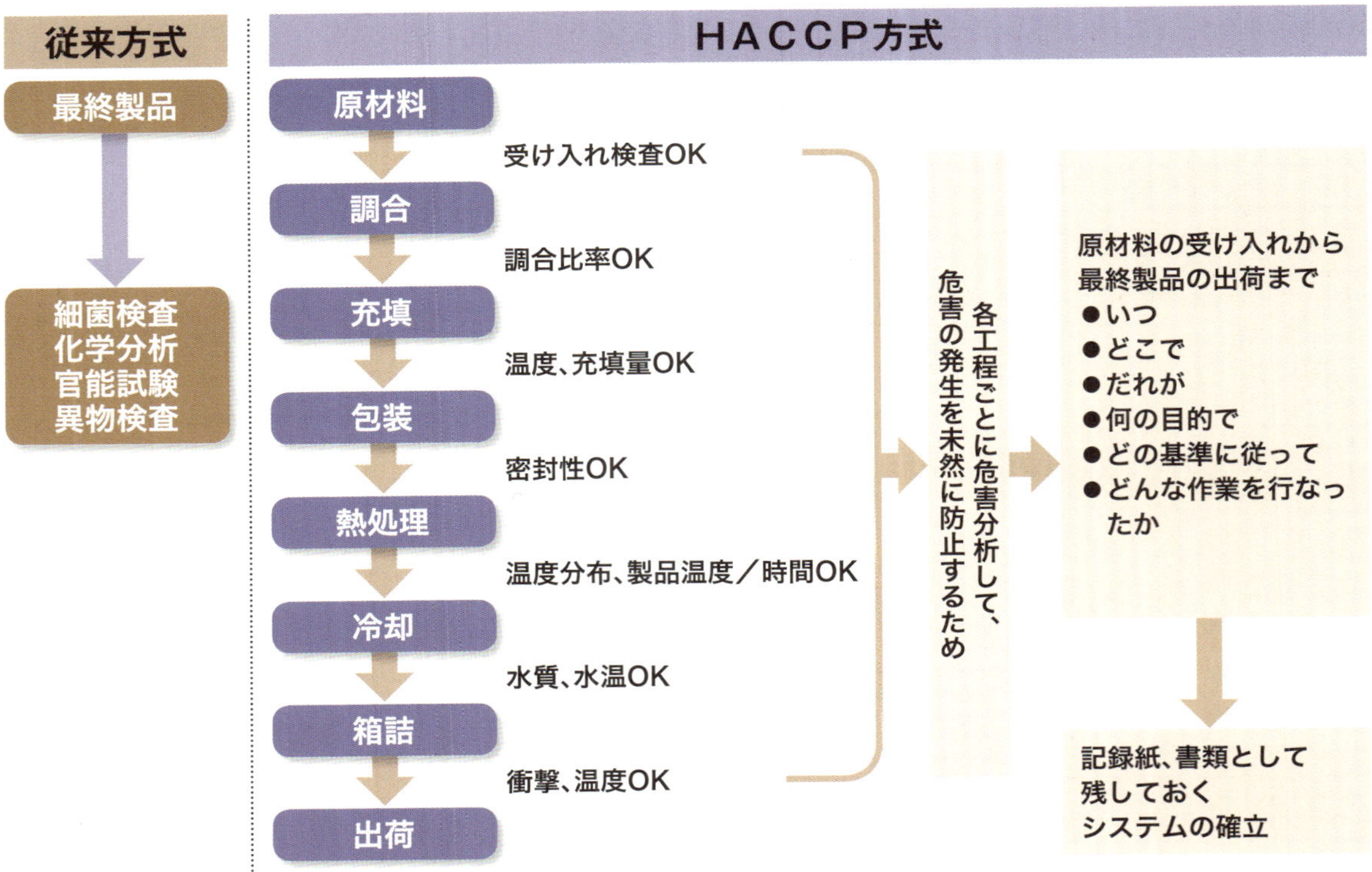

図4　HACCPシステムの構造

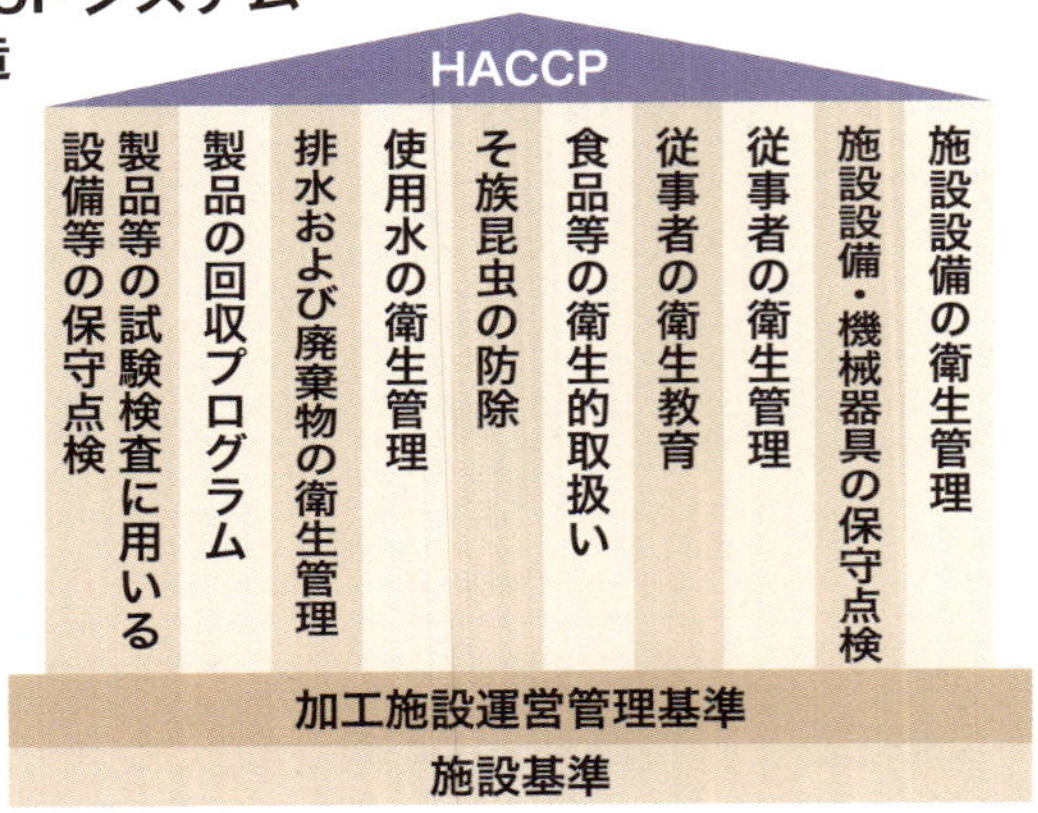

前に述べたように、農産加工の基本原則や一般衛生管理プログラムの取り組みが適正に行なわれていることが前提となります。

HACCPシステムの考えを取り入れた安全確保対策を住居にたとえると、土台が加工施設基準と加工施設運営管理基準で、柱が加工品の基本原則と一般衛生管理プログラム、屋根がHACCPシステムとなります（**図4「HACCPシステムの構造」**）。安全確保対策の土台が不安定でぐらついていれば、当然柱も屋根もぐらつき、いつ崩れても不思議ではありません。住居を安定したものとするためには、土台と柱にあたる基準やプログラム等の衛生管理を徹底する必要があります。

HACCPシステムの考えを取り入れた安全確保対策を実践するには、衛生管理の基礎となる施設設備の衛生管理、機械器具の保守点検や、農産加工の基本原則、作業者の衛生教育などの一般衛生管理プログラムを徹底する必要があります。そのうえで危害分析と重要管理点の設定方法や管理基準と改善措置の設定対策方法など科学的な知識・技術が必要となります。そのためには十分な時間をとって学習、検討し、自らの加工品の種目ごとに実行可能で適した衛生・品質管理システムづくりに努めることが大切です。継続的に学習を進め、一歩を踏み出しましょう。

（茨城県農産加工指導センター技術指導員・地産地消仕事人・6次産業化ボランタリープランナー）

表5　ハクサイ浅漬製造の総括表の一例

危害の関連する工程	危害	危害の要因	防止措置	管理点	管理基準	モニタリング方法	改善措置	検証方法
ハクサイ受入れ	腐敗および有害微生物による汚染	生産者の管理不良	生産者の品質保証受入れ検査	PP	保証文書の添付受入れ基準合格	保証文書の確認肉眼観察	返品	受入れ記録簿の確認
	残留農薬	生産者の管理不良	生産者の品質保証	PP	保証文書の添付	保証文書の確認	返品	受入れ記録簿の確認
	異物	生産者の管理不良流通での管理不良	受入れ検査	PP		目視検査	返品	受入れ記録簿の確認
ハクサイ選別	異物残存、混入	作業者の不注意	作業教育の徹底作業基準遵守	PP	標準作業手順書			
調味液冷却保管	腐敗および有害微生物の増殖	調味液温度の上昇（冷凍機器の不調等による冷却不足）	液温チェック機器保守管理の徹底	CCP	液温：5℃機器保守管理基準	1日○回液温チェック	基準温度まで下げる、調味液の処置検討	温度記録の確認
	（充填後製品の腐敗および有害微生物の増殖への影響）	同上	同上	同上	同上	同上	同上	同上
ハクサイ洗浄殺菌	腐敗および病原微生物の残存	殺菌剤濃度不適殺菌時間不足	殺菌剤濃度チェック殺菌処理時間チェック	CCP	（例）有効塩素濃度：150ppm処理時間：○分	（例）品管担当者が1回／時間、塩素濃度試験紙で測定	（原因を調べ）濃度調整、再殺菌	測定記録確認
下漬け	腐敗および病原微生物による汚染	下漬用タンクの洗浄、殺菌不良	タンク洗浄殺菌の徹底	PP	機器洗浄管理基準	作業状況の点検	再洗浄	ふき取り検査
	腐敗および有害微生物の増殖	温度上昇	冷蔵庫の温度管理（温度チェック）	CCP	冷蔵室温度：5℃	（例）品質担当者が○回／日測定	温度を管理基準に調整（製品の扱い検討）	測定記録確認温度計校正
	異物の混入			PP				
金属検出	金属異物混入	金属検出機の作動不良	テストピースによる作動チェック	CCP	鉄：○、ステンレス：△.	包装担当者が全製品を金属検出機を通過させ、確認する	○回／日精度確認、製品を再度検出を通過させる	記録確認
保管	腐敗および病原微生物の増殖	保管温度の上昇	保管庫の温度管理（温度チェック）	CCP	保管庫温度：5℃	品質担当者が○回／日温度チェック	温度を基準に戻す。製品の取り扱い	測定記録確認温度計校正

注１　参考資料「(財)食品産業センター　ＨＡＣＣＰ手法を取り入れた浅漬・キムチの製造衛生管理マニュアル」
２　ＰＰ：一般的衛生管理ポイント＝必要に応じて管理するポイント
ＣＣＰ：重要管理点＝最も重要な管理をしなければならないポイント

　撮影・田中康弘

撮影
- 赤松富仁
- 小倉かよ
- 小倉隆人
- 倉持正実
- 黒澤義教
- 佐々木郁夫
- 高木あつ子
- 田中康弘

イラスト
- アルファ・デザイン

編集
- 有限会社編集室りっか　牧岡幸代

表紙デザイン
- 髙坂　均

本文デザイン
- 髙坂デザイン

農家が教える
手づくり加工・保存の知恵と技

2015年 8 月10日　第1刷発行
2017年 2 月10日　第4刷発行

編　者● 一般社団法人　農山漁村文化協会

発行所● 一般社団法人　農山漁村文化協会
〒107-8668
東京都港区赤坂７－６－１

電　話● 03-3585-1141（営業）
03-3585-1147（編集）

ＦＡＸ● 03-3585-3668

振　替● 00120-3-144478

ＵＲＬ● http://www.ruralnet.or.jp/

ISBN978-4-540-15170-5
〈検印廃止〉

印刷・製本／凸版印刷（株）
定価はカバーに表示
乱丁・落丁本はお取り替えいたします。